첫째 아이 마음 아프지 않게,
둘째 아이 마음 흔들리지 않게

첫째 아이 마음 아프지 않게,
둘째 아이 마음 흔들리지 않게

초판   1쇄 발행 2018년 11월 22일
초판 25쇄 발행 2024년 11월 20일

지은이 이보연
발행인 안병현 김상훈
본부장 이승은 **총괄** 박동옥 **편집장** 임세미
기획편집 정혜림 **마케팅** 신대섭 배태욱 김수연 김하은 **제작** 조화연

발행처 주식회사 교보문고
등록 제406-2008-000090호(2008년 12월 5일)
주소 경기도 파주시 문발로 249
전화 대표전화 1544-1900 **주문** 02)3156-3694 **팩스** 0502)987-5725

ISBN 979-11-5909-947-2 13590
책값은 표지에 있습니다.

첫째 아이 마음
아프지 않게,
둘째 아이 마음
흔들리지 않게

· 이보연 지음 ·

교보문고

내가 알아야 할 인생의 많은 것은
언니에게서 배웠다

어린 시절 몸이 허약했던 나는 학교에 가지 못했던 날이 많았다. 어른들은 모두 일하러 나간 텅 빈 집에서 나는 혼자 책을 읽거나 낙서를 하며 언니가 올 시간만 기다렸다. 그러다 창밖으로 언니의 모습이 보이면 쏜살같이 뛰어나갔다. 언니는 칭얼거리는 내게 학교에서 나눠준 빵을 건네기도 했고, 국어책에 나오는 동화를 읽어주기도 했다. 그림 솜씨가 유독 좋았던 언니는 종종 예쁜 공주 인형과 멋진 드레스를 그려주었는데 그럴 때면 나도 모르게 미소가 지어졌다. 나를 짓궂게 놀리는 남자아이들을 혼내주고, 빼앗긴 그네를 되찾아준 사람도 모두 언니였다. 언니는 내 친구이자 든든한 보디가드였다.

어린 시절 추억의 모든 장면에 자리하는 언니지만 그녀와의 관계가 늘 좋았던 것은 아니다. 무엇이든 잘하는 언니에 대한 열등감이 나를 괴롭히기도 했다. 하지만 내 삶의 대부분은 언니로 인해 즐거웠고, 안전했으며, 풍요로웠다. 나는 언니를 좋아했고 그녀로부터 많은 영향을 받았다. 애석하게도 언니는 지난해 수년의 암 투병 끝에 세상을 떠났다. 언니와의 추억을 정리하며 나는 그녀가 내 언니라서 참 다행이라는 생각을 했다. 언니가 없었다면 나는 외롭고 쓸쓸한 아이로 자랐을 것이고 지금과는 사뭇 다른 삶을 살고 있을 것이다.

이처럼 좋은 형제자매 사이는 부모와의 애착만큼이나 아이의 일생에 커다란 영향을 준다. 내 아이에게 동생을 갖게 해주는 것은 두 아이가 서로를 의지하며 좋은 영향을 주고받기를 바라는 마음에서 시작한다. 그러나 두 자녀 이상을 낳은 것을 후회하는 부모도 있다. 기대와 달리 두 아이가 치열한 갈등과 경쟁을 반복하기 때문이다. 의좋은 형제자매 관계는 보석처럼 빛나지만 이렇게 귀한 것은 절대로 그냥 얻을 수 없다. 부모가 두 아이 사이에서 어느 한쪽에 치우치지 않는 사랑을 주고 형제자매 관계에 대해 배우고 노력했을 때 비로소 얻게 된다.

이 책 《첫째 아이 마음 아프지 않게, 둘째 아이 마음 흔들리지 않게》는 눈만 뜨면 다투고 서로를 시샘하는 두 아이를 둔 부모에게 조금이라도 도움이 되길 바라는 마음에서 시작했다. 엄마 아빠의 사랑을 듬뿍 받던 첫째에게 동생의 등장은 위기의 시작이다. 첫째가 동생의 출생을 받아들이고 적응하는 과정에서 부모의 역할이 가장 중요하다. 첫 단추를 잘 끼워야 수월하게 일이 풀리듯 충격과 상실감에 빠진 첫째 아이를 위한 좋은 지침서가 되었으면 한다. 동시에 태어나자마자 나보다 무엇이든 앞선 경쟁자를 두게 된 둘째 아이의 마음도 보듬어줄 필요가 있다. 이 책에는 태어난 순서부터 처한 환경, 기질, 성격 등 많은 것이 다른 두 아이를 개별적 존재로 인정하고 최고의 사랑과 관심을 줄 수 있는 다양한 사례와 심리 이론을 담았다. 긍정적 관계를 맺은 부모와 아이 사이, 그리고 첫째와 둘째 사이는 서로에게 끈끈한 유대감과 안정적 인간관계, 긍정적인 자아정체감, 뛰어난 적응력이라는 보물을 전해줄 것이다.

미국 유학을 마치고 돌아오던 길 JFK공항 서점에서 산 책 《Siblings Without Rivalry(경쟁 없는 형제자매)》에서 얻은 깨달음이 이 책으로 비로소 마무리되었다. 더불어 《Peaceful Parent, Happy Siblings(비폭력 부모, 행복한 형제자매)》이란 책도 나의 여정에 큰 힘이 되었다. 물론 이 책의 출간에 가장 큰 도움을 준 것은 20년이 넘는 시간 동안 상담한 다양한 아이들의 진심이다. 나와 언니를 이어준 든든한 유대감이 내 삶을 따뜻하고 행복하게 만들어준 것처럼 이 책을 읽는 여러분들의 자녀 모두가 행복한 형제자매 관계를 맺기를 소망한다. 마지막으로 내게 이렇게 멋진 선물을 안겨준 부모님과 사랑하는 나의 언니에게 이 책을 바친다.

이보연

프롤로그
내가 알아야 할 인생의 많은 것은 언니에게서 배웠다

1부 — 첫째와 둘째 사이
가장 가깝고도 먼, 가장 친밀하고도 어려운

3부─내 이름은 동생
둘째 아이 마음 흔들리지 않게

4부─싸우면서 크는 아이들
싸우지 않아도 얼마든지 자랄 수 있다

5부 — 어제도 싸우고, 오늘도 싸운다
형제 간 다툼에 대처하는 부모의 자세

6부 — 형제와 다투지 않는 아이로 키우는 법
형제애는 저절로 생기지 않는다

1 ─── 첫째와 둘째 사이

가장 가깝고도 먼,
가장 친밀하고도 어려운

1. 왜 형제자매가 필요한가?

어린 시절, 학교에 갈 때면 길목마다 서 있던 전봇대에 붙은 다양한 포스터를 보곤 했다. 그때 가장 많이 붙어 있던 것은 "아들딸 구별 말고 둘만 낳아 잘 기르자!"라는 표어(시간이 조금 더 흐른 뒤에는 '둘도 많다!'라는 표어로 바뀌었다)와 지구에 사람이 넘쳐흐르는 그림의 포스터였다. 등하굣길을 오가며 그 포스터를 볼 때마다 나는 왠지 모를 수치심을 느꼈다. 지구는 넘쳐나는 사람 때문에 죽어가고 있다는데, 우리 부모님은 나를 포함해 아이를 다섯이나 낳았다니···.

시간은 흘렀고 지금 우리나라는 인구 감소를 걱정하는 처지에 놓였다. 중국이나 인도처럼 인구가 많은 나라가 앞으로 세계를 이끌 것이라는 예측도 쏟아지고 있다. 이럴 줄 알았다면 어린 시절에 형제가 몇이냐는 질문을 들을 때마다 부끄러워하거나 부모님을 원망할 필요가 없었을 텐데 말이다.

과거에는 아이를 너무 많이 낳아 제대로 교육시키지 못하거나 애정 결핍을 겪을 걱정을 하더니, 이제는 형제자매를 만들어주지 않는다며 아이의 사회성과 유약함을 걱정한다. 이쯤 되면 고민할 수밖에 없다. 과연 아이에게 형제자매를 만들어주는 것이 좋은지, 아니면 외동아이로 키우는 것이 좋은지를 말이다.

이 책을 읽는 당신은 형제자매가 있는가? 아니면 외동아이인가? 형제자매가 있어서, 혹은 외동아이여서 좋았던 것과 싫었던 것은 무엇인가? 그리고 내 아이에게 '나처럼' 아니면 '나와 달리' 형제자매를 만들어주고 싶은가? 아니면 외동아이로 키우고 싶은가?

이들 질문에 대한 대답은 각자의 경험과 기억에 따라 다를 것이다. 첫째 아이와 둘째 아이가 함께 건강하고 행복하게 성장하기 위한 부모의 역할을 이야기하기 전에, 형제자매를 둔 사람들의 이야기를 통해 누군가와 함께 자란다는 것이 인생에 어떤 영향을 주는지 알아보자.

언니, 오빠, 누나, 형, 그리고 동생

진화생물학자 리처드 도킨스Richard Dawkins는 "불멸의 존재는 인간이 아니라 유전자"라며 인간은 단순히 유전자를 운반하는 존재에 불과하다고 주장했다. 이러한 이론에 따른다면 아이들은 엄마와 아빠의 유전자를 절반씩 물려받은 결과물인 셈이다. 이렇게 태어난 형제자매는 유사한 유전자 구조라는 타고난 운명에 따라 서로를 위하고 어려움이 있을 때는 함께 극복하며 성장한다. 하지만 일란성 쌍둥이가 아닌 이상 형제자매가 완전히 똑같은 유전자를 가지고 태어날 가능성은 거의 없다. 즉 같은 부모에게서 태어나도 외모나 타고난 기질, 성격 등은 얼마든지 다르며 이로 인해 성장 과정에서 갈등이나 오해가 발생할 수 있다. 닮은 듯 너무도 다른 형제자매. 우리 주변의 이야기를 통해 형제자매의 존재에 관해 함께 생각해보자.

••• 어린 시절 외삼촌과 언니들을 따라 서울에 있는 백화점에 놀러 간 적이 있다. 나는 태어나서 처음 본 에스컬레이터가 무서워서 탈 수 없었다. 나보다 세 살이 많았던 언니는 그런 나를 몹시 창피해했다.
"바보같이 왜 이것도 못 타. 사람들이 다 쳐다보잖아!"
언니의 말이 아직도 기억난다. 무서워하는 나를 걱정하며 위로했던 사람들과 달리 비난하고 무시했던 언니로부터 커다란 마음의 상처를 입었다.

••• 나는 수줍음이 많아 초등학교 시절 친구를 잘 사귀지 못했다. 때문에 아이들이 괴롭혀도 속수무책으로 당할 수밖에 없었다. 사정을 아는 언니가 자주 교실을 찾아와 날 보살펴주었다. 그러다 내가 관심을 보이는 친구가 생기자 언니가 적극적으로 나서서 함께 놀아주었다. 그렇게 우리 자매는 서로의 친구들을 모두 알 정도로 붙어 다녔다. 내가 대학에 입학했을 때 언니의 친구들이 돈을 모아 멋진 핸드백을 선물해주기도

했다. 지금도 가끔 생각한다. '만일 언니가 없었다면 내 학창시절은 어땠을까?'

••• 형은 날 그다지 좋아하지 않았다. 골목길에서 놀 때 내가 불러도 아는 척하지 않았고, 친구들과 합세해 나를 골탕 먹이곤 했다. 그러던 어느 여름날 저수지 근처에서 놀던 중 동네 아이들이 장난으로 나를 저수지로 밀어 넣었다. 나는 수영을 전혀 못 하는데 말이다. 허우적거리는 내 모습에 아이들이 낄낄거리며 웃었고, 나는 그 웃음소리를 들으며 물속으로 빠져들었다. 그때 누군가 내 옷을 잡아 끌어당겼다. 형이었다. 나를 물 밖으로 꺼낸 형은 동네 아이들을 모두 때려주었다. 그날 이후 형은 내 영웅이 되었다.

••• 내가 엄마에게 가장 크게 야단맞은 것은 바로 동생 때문이다. 엄마는 종종 내게 나보다 8살 어린 막내를 돌보게 했다. 어느 날 엄마는 시장에 갔고 나는 동생을 업고 집안을 돌아다녔다. 그때 친구들이 고무줄놀이를 하자며 나를 불렀다. 친구들과 놀고 싶었던 나는 결국 유혹을 참지 못하고 고무줄놀이를 했다. 신나게 하다 보니 등에 업혀 있는 동생을 깜빡하고 말았다. 껑충 뛰는 순간 동생이 바닥으로 떨어졌고 이마에 큰 혹이 생겼다. 그날 날 노려보며 화내는 엄마의 모습을 잊을 수 없다. 동생을 다치게 만든 내 잘못이 크지만 왠지 모를 서러움에 몰래 숨어 한참을 울었다.

••• 나는 딸 부잣집의 둘째다. 할머니는 딸만 넷을 낳은 엄마를 구박했다. 하지만 엄마는 늘 우리에게 여자라고 기죽을 필요는 없다며 열심히 공부해 보란 듯이 살아야 한다고 말했다. 말단 공무원인 아빠의 월급으로는 네 딸을 공부시키기 어려웠고, 엄마는 가게 일을 하면서 우리를 키웠다. 그런 엄마를 힘들게 하지 않기 위해 한 번도 장난감이나 예쁜 옷을 사달라고 조르지 않았다. 그런데 크리스마스가 얼마 남지 않은 겨울, 동화책에 나올 법한 예쁜 코트에 반하고 말았다. 막냇동생도 마찬가지였다. 집에 오자마자 막내는 엄마에게 그 코트를 사달라고 조르기 시작했다. 엄마가 고생하는 것을 알던 나는 철없는 막내가 미웠다. 하지만 막내는 결국 그 예쁜 코트를 크리스마스 선물로 받았다. 엄마에 대한 배신감과 막내에 대한 얄미움을 참을 수 없던 나는 소심한 복수를 했다. 산타 할아버지의 선물이라며 코트를 받고 좋아하는 막내에게 편지를 쓴 것이다.

"안녕, 산타 할아버지란다. 선물은 잘 받았겠지? 하지만 엄마에게 떼를 쓰는 것은 좋은 행동이 아니란다. 한 번 더 떼를 쓴다면 다음에는 선물을 주지 않겠다!"

••• 맞벌이를 하는 부모님은 내가 원하는 장난감은 모두 사주셨다. 하지만 나는 늘 외로웠다. 열 살이 될 때까지는 동생을 낳아달라고 조르기도 했지만 이루어질 수 없다는 사실을 깨닫고는 강아지를 사달라고 조르기 시작했다. 그렇게 우리 집에 온 '까미는 10년간 훌륭한 내 동생이었다. 함께하는 시간 동안 까미가 진짜 내 동생이었으면 좋겠다는 생각을

수없이 많이 했다. 까미가 하늘나라로 떠났을 때 나는 다음 생에는 까미와 형제로 태어나기를 소원했다.

••• 우리는 똑같이 생긴 일란성 쌍둥이 자매다. 엄마는 우리에게 같은 옷을 입히고 같은 스타일로 머리를 묶어주었다. 하지만 나보다는 언니가 엄마와 더 잘 맞았던 것 같다. 식성도, 취향도 그러했다. 언니는 엄마가 만들어준 음식과 엄마가 골라준 옷을 좋아했지만 난 싫었다. 엄마가 묶어준 머리는 너무 당겨서 아팠고, 골라준 옷은 뛰어놀기 불편했다. 어른이 된 지금 우리는 여전히 생김새는 같지만 성향은 완전히 다르다. 엄마는 왜 이런 우리 둘을 똑같이 키우려 했을까?

••• 5남매의 막내인 나는 가장 많은 경제적 혜택을 누렸다. 언니들은 엄두도 내지 못한 피아노 레슨을 받았고, 근사한 생일 케이크와 함께 친구들을 초대해 파티를 열었다. 내가 결혼할 즈음 아빠는 돌아가셨고 엄마역시 노쇠하여 더 이상 부모님으로부터 경제적 도움을 받을 수 없었지만 언니오빠들이 내 결혼식을 준비해주었다. 새로 태어날 아기를 위한 용품을 장만해준 것도 언니들이었다. 세월이 흐르면서 부모님이 내게 해주었던 것을 언니오빠들로부터 받게 된 것이다. 하지만 영원히 막내로 살 수 없다는 것을 알고 있다. 언니오빠들이 나이 들기 시작한 요즘에는 점점 나의 역할과 책임이 커지는 것을 느낀다. 예전에 칼럼에서 읽은 글이 생각난다. "끝내는 모든 것이 공평해진다!"

이처럼 형제자매에 대한 기억과 경험은 저마다 다르다. 누군가에게 형제자매란 치열한 경쟁과 열등감의 시작이지만, 다른 사람에겐 커다란 위안과 안심으로 여겨지기도 한다. 친구나 부모의 대체자이기도 하며, 숙명의 라이벌이자 늘 신경 써야 하는 귀찮은 존재 역시 형제자매다.

형제자매와 함께 자라온 사람이라면 긍정적이든 부정적이든 영향을 주고받았을 것이다. 형제자매 관계보다 우리에게 더 깊은 영향을 미치는 관계는 없다. 세상 누구보다 가까웠다가 멀어지고, 내 편이라는 안정감을 주다가도 라이벌이 되고, 행복과 슬픔, 기쁨과 고통으로 가득 찬 관계이기 때문이다. 부모는 생각보다 일찍 우리 곁을 떠난다. 배우자와 자녀는 생각보다 늦게 우리를 찾아온다. 그 과정에서 꾸준히 내 곁을 지키는 사람이 바로 형제자매다. 수십 년에 걸쳐 우리를 더욱 강하게 만들어주는 가장 큰 영향력은 형제자매로부터 나온다.

형제자매를 만들어주고 싶은 이유

어린 시절 형제자매와 사이가 좋았던 부모들은 자연스레 자신의 아이에게도 형제를 만들어주고 싶어 한다. 자신이 느낀 유대감을 아이도 경험할 수 있게 말이다. 반면 형제자매와의 관계에서 상처를 받거나 좋은 기억보다 나쁜 기억이 많은 부모는 선뜻 아이에게 형제를 만들어주지 못하는 경향이 크다. 자신이 경험한 상처와 부정적 감정이 아이에게 그대로 대물림되는 것을 원하지 않기 때문이다.

형제자매 관계는 긍정적인 영향력과 부정적인 영향력을 모두 가지고 있다. 다만 부모가 어떻게 형제 관계를 다루고, 어떤 영향력을 아이들에게 전달하느냐에 따라 행복감과 안정감을 가진 형제자매가 될 수도 있고 그렇지 못한 사이가 될 수도 있다.

우스갯소리일지 모르겠지만 첫째 아이에게 둘째 아이의 탄생은 마치 '배우자의 외도'를 목격한 것만큼의 배신감과 질투심을 유발한다고 한다. 실제로 첫째 아이가 동생의 출생으로 엄마 혹은 아빠와의 독점적인 관계를 방해받았다고 느낄 경우, 동생에 대한 관심이 적개심으로 바뀔 가능성이 크다. 이는 곧 형제 사이의 경쟁심으로 이어지며 두 아이의 크고 작은 행동에서 다양한 충돌로 나타난다.

역사 속 가장 유명한 형제인 '카인과 아벨'. 형 카인은 질투에 눈이 멀어 자신보다 부모에게 사랑받은 동생 아벨을 살해한다. 모든 아이는 부모에게 인정받고 사랑받고 싶어 하는 강한 욕구를 가지고 있다. 이는 곧 부모의 관심과 사랑을 모두 독차지해 안정감을 느끼고 싶은 욕구이기도 하다. 이것이 형제로 인해 충족되지 않는다면 슬픔과 분노, 원망이라는 감정이 생겨난다. 형제자매 사이의 모든 갈등과 시기는 서로에 대한 질투에서 유발한다. 형제자매가 불편하다면, 그들과의 거리가 멀어졌다면 부모가 해결하지 못한 갈등이 응어리로 남아 무의식중에 영향력을 발휘했기 때문이다.

이러한 관계와 달리 서로의 정서를 지켜주는 관계이자 부모보다 더 신뢰하는 관계를 맺는 형제자매도 있다. 이들에게 형제는 최악의 순간에 곁을 지키며 힘을 주는 존재이자, 함께 즐거운 일을 공유하고 재미있게 놀 수 있는 최고의 친구다. 두 인간 사이의 순수한 형제 관계를 탄탄하게 쌓은 아이들은 감정적으로 성숙해질 것이다. 상대를 존중할 줄 알며 승리의 기쁨을 나누고, 실패했을 때 격려해주며, 다툼이 발생했을 때 능숙하게 해결하는 사회성을 발휘할 수 있다.

첫째 아이와 둘째 아이의 관계가 어떤 방향으로 나아갈지는 어느 부모도 정확하게 알지 못한다. 중요한 것은 단순히 형제자매들끼리의 관계만 신경 써야 할 것이 아니라, 아이들과 부모 각각의 관계도 매우 중요하며 큰 영향력을 가진다는 사실이다. 부모가 세상을 떠난 후에도 사이좋은 형제자매 관계를 유지하며 서로를 보살피고 외롭지 않게 해주기 위해서는 아이들 사이에 발생할 수 있는 많은 어려움을 부모가 현명하게 해결해주는 노력이 필요하다.

모두가 알다시피 가족 관계는 인생에 많은 영향을 미친다. 부부 관계, 부모와 자녀 관계, 그리고 형제자매 관계 모두 중요하다. 하지만 가족에 관한 연구 대부분은 부부 관계나 일대일의 부모-자녀 관계에 초점을 두었다. 하지만 둘 이상의 자녀를 둔 가정에서는 형제자매 관계가 가족 전체의 분위기와 생각, 행동에 매우 큰 영향을 끼친다. 게다가 대부분은 부모보다 형제자매와 더 오랜 시간을 보낼 수밖에 없다. 만일 형제자매가 아이들의 삶에 스트레스가 아닌 유

용한 자원이자 평안과 즐거움을 주는 존재가 된다면 아이들의 미래
는 긍정적일 것이다.

그동안 우리는 중요한 인적 자원인 '형제자매'에 대해 너무 무지
했다. 우애 깊은 형제자매에 막연한 환상을 품거나 '카인과 아벨'처
럼 적대적이고 경쟁적인 관계로서 형제자매를 이해하기보다 좀 더
객관적이고 현실적인 진실을 알아야 할 필요가 있다. 이를 통해 아
이들의 관계를 보다 잘 이해하고 형제자매 관계에서 발생할 수 있
는 어려움을 예방하거나 해결할 수 있다. 또한 두 명 이상의 자녀를
갖기로 선택한 자신의 결정을 후회하거나 자책할 일도 없을 것이다.
아이를 키우는 일은 늘 그러하듯 '아는 것이 힘'이다.

현실은 다르다

미영 씨는 12살의 딸과 5살 아들이 있다. 그녀는 어릴 적 부모님
의 맞벌이로 시골의 외할머니와 살았는데 이때 느꼈던 한적함과 외
로움이 싫었다. 그래서 결혼을 하면 아이를 많이 낳아 북적이고 활
기 넘치는 집을 만들고 싶었다고 한다. 첫 아이를 낳은 후 바로 둘
째를 계획했으나 쉽게 생기지 않아 오랫동안 불임 치료를 받은 끝
에 둘째를 낳았다. 미영 씨는 어릴 때 동생을 낳아달라고 졸랐던 첫
째가 동생을 예뻐하고 보살펴줄 것이라고 기대했다. 하지만 첫째
는 동생이 울거나 귀찮게 하면 쉽게 화를 냈고 때로는 동생을 밀거

나 때리기도 했다. 어린 동생을 함부로 대하는 첫째를 야단치기라도 하면 "엄마, 변했어! 예전엔 나한테 화도 안 내더니. 쟤가 태어나고부터 나한테 화만 내고!"라며 방으로 들어가 버리기 일쑤였다. 사춘기가 된 지금은 동생이 자기 방에 들어오거나 근처에만 얼씬거려도 "저리 가!"라며 큰소리를 친다. 미영 씨가 기대한 그림은 이런 것이 아니었다. 서로 돌보고, 함께 즐거운 시간을 보내는 남매간의 우애 어린 모습이었다. 아이들끼리 싸우는 모습을 보고 있자면 둘째를 낳지 말 걸 그랬나 하는 생각이 들기도 한다.

삼 남매 중 막내인 주란 씨는 어린 시절 언니오빠들과 함께했던 행복한 추억들을 지니고 있다. 때문에 아이는 당연히 둘 이상을 낳고 싶었고 남편도 같은 생각이었다. 신혼 시절 주란 씨와 남편은 진지하게 자녀 간의 터울을 고민했다. 이런저런 자료를 찾아보니 3년이 이상적이라는 이야기가 많았다. 하지만 주란 씨의 생각은 조금 달랐다. 자신의 경험을 되돌아보면 터울이 적었던 언니오빠 사이가 더 친했던 것 같고, 터울이 큰 자신은 언니오빠들이 어린애 취급을 하며 상대해주지 않았을 때도 있었다. 오히려 연년생이면 공감대도 크고 같이 놀기 좋은 친구가 될 것 같았다. 결국 두 사람은 주란 씨의 뜻대로 연년생 형제를 얻게 되었다. 연년생 아기들을 돌보는 어려움은 이루 말할 수 없었지만 아이들이 크면 함께 어울려 노는 화기애애한 모습을 볼 수 있다는 희망에 육아의 고단함을 견뎠다. 하지만 이제 6살, 5살인 형제는 말 그대로 눈만 뜨면 싸운다. "엄마, 형이 때렸어!", "엄마, 얘가 나한테 메롱 했어", "엄마, 형이 내 것 뺏었어!", "엄마, 애가 내 장난감 망가뜨렸어!". 연년생 남자 형제라서 이런 건지, 아니면 아이를 여럿 낳겠다는 생각이 잘못된 것인지 주란 씨는 헷갈린다.

은정 씨는 삼 남매를 두었다. 각각 두 살 터울이다. 은정 씨에게 는 여동생이 있었지만 어린 시절 사고로 일찍 세상을 떠나 추억이 없다. 하지만 부모님에게서 여동생 이야기를 들을 때마다 살아서 함께 지냈다면 얼마나 좋았을까 생각하곤 했다. 결혼 후 은정 씨는 아이를 많이 낳아 형제자매 간 추억을 쌓을 수 있게 해주고 싶었다. 첫째 딸, 둘째 아들, 그리고 막내아들을 얻었다. 그런데 둘째 아이 의 병치레가 잦아 첫째가 외가나 친가에서 보내야 할 때가 많았다. 어느 날부터 첫째가 동생이 싫다며 "쟤 때문에 엄마랑 떨어져야 하 잖아!"라고 투덜거렸다. 동생과 함께 놀려고도 하지 않았다. 그러다 막내가 태어났다. 은정 씨는 동생이 하나 더 생긴 첫째가 신경 쓰였 다. 하지만 다행스럽게도 첫째는 막내에게는 다정하게 대했다. 막내 도 누나를 잘 따랐다. 그러나 첫째와 둘째는 여전히 냉랭한 사이다. 세 아이가 함께 있으면 첫째와 막내가 한 편을 이루고 둘째가 따돌 림당하는 것처럼 보인다.

지혜 씨는 잠자리가 편치 않다. 자매가 서로 엄마 옆에서 자려고 해 지혜 씨가 한가운데 눕고 양쪽에 아이들을 끼고 자는데, 아이들 은 서로 자기 쪽을 보고 자라고 아우성이다. 지혜 씨는 두 아이에 게 공평하게 바른 자세로 자는데, 뒤척이다 보면 한쪽으로 몸이 기 울기도 한다. 그럴 때면 아이들은 난리가 난다. "엄마는 나보다 언니를 더 사랑하는 거지? 엄마 미워!"라는 통곡이 한밤중에 울려 퍼지는 것이다. 간식을 나눠줄 때도, 버스를 탈 때도 경쟁하듯 누가 더 많이, 누가 더 먼저를 외치는 자매의 모습에 말라 죽을 것만 같다. 어느새 아이들에게 애정 표현도 할 수가 없다. "나보다 언니를, 나보다 동생을"이라는 아이들의 원성이 뒤따르기 때문이다. 이러다 아이들이 상대가 자신보다 조금이라도 더 사랑받는다고 생각해 아예 엄마의 사랑을 포기해버리는 것은 아닐지 걱정이 많다.

많은 부모들이 자녀에게 형제자매를 만들어주면서 아이들이 서로를 위해주고 시간이 지날수록 좋은 영향력을 주고받는 친구 이상의 관계를 만들 것이라 기대한다. 하지만 현실은 다르다. 아이들은 부모의 관심을 끌기 위해서라면 무슨 일이든 한다. 자신의 가장 큰 매력, 즉 부모가 좋아하는 부분이 무엇인지 판단해 그것을 열렬하게 알린다. 어떤 아이는 명석한 두뇌를, 어떤 아이는 예쁘고 잘생긴 외모를, 어떤 아이는 음악적 재능을, 또 다른 아이는 운동 실력을, 그리고 부모를 웃게 만드는 재주를 보여준다.

자신만의 강점으로 부모에게 관심과 사랑을 받던 아이 앞에 라이벌이 나타난다면 어떻게 될까? 형제자매의 등장은 일차원적으로는 함께 협업할 수 있는 상대가 아니라 자신의 관심을 빼앗아갈 적이 나타나는 것과 같다. 앞서 이야기한 형제자매의 현실은 서로를 적으로 인식한 아이들의 자연스러운 반응이다. 이 과정에서 부모는 아이들에게 서로의 존재가 사랑을 빼앗는 것이 아니라 더 큰 사랑을 줄 수 있음을 알려주어야 한다. 그래야 자연스럽게 형제애가 생겨나며 라이벌이 아닌 평생 내 편이 될 동반자로 서로를 인정하고 받아들인다. 첫째와 둘째 사이는 세상에서 가장 멀지만 부모의 역할에 따라 세상에서 가장 가까운 사이로 거듭날 수 있다.

얼마 전 공항에서 본 남매가 그러했다. 사랑스럽기 그지없던 두 아이는 세상에서 가장 친밀한 사이처럼 보였다. 4살 즈음의 어린 여자아이가 커다란 곰인형을 안은 채 울고 있었다. 아이 엄마는 "넌 엄마 말 안 들어서 못 가! 너 혼자 곰돌이랑 있어!"라고 말하며 냉정하게 돌아서서 갔다. 아마도 아이는 엄마가 안 된다고 한 인형을 기어이 들고 온 모양이었다. 그때 7살가량 돼 보이는 오빠가 동생에게 다가갔다. 그러고는 다정하게 "오빠가 손잡아 줄까?"라고 말하며 동생이 들고 있던 커다란 인형을 대신 들더니 고사리 같은 손으로 동생의 손을 잡아주었다. 오빠가 없었다면 엄마는 가던 길을 되돌아와 아이를 달래거나 화를 내면서 힘든 시간을 보냈을 것이다. 화난 듯 냉정하게 앞서갔던 엄마의 옆을 지나며 나는 그녀의 흐뭇한 미소를 보았다. 분명 그 순간 엄마는 '역시 둘을 낳길 잘했어!'라며 자신의 선택에 만족했을 것이다.

형제자매를 낳은 것에 만족하는 부모가 있는가 하면 이럴 줄 알았다면 한 명만 낳을 것이라며 후회하는 부모도 있다. 무엇이 형제자매 사이를 결정하는지 지금부터 함께 알아보자.

2. 형제자매 관계에 대한 진실

　형제자매는 정말 알 수 없는 관계다. 부모와 자녀처럼 수직적이고 종속적인 관계(물론 시간이 지나며 이들 관계의 속성은 변한다)도 아니고 또래 관계처럼 수평적이지도 않다. 끈끈한 응집력으로 뭉쳐 있는 것 같다가도 세상에 저런 원수가 없을 정도로 서로를 밀어내기도 하는 복잡한 관계다.

　지금껏 상담해온 아이들에게 형제자매에 관한 질문을 던졌을 때 들려오는 대답만 봐도 그러하다. 초등학교 6학년인 영주는 자신의 가족을 그림으로 그리면서 쌍둥이 남동생을 '똥'으로 표현했다. 이유를 묻자 영주는 씁쓸한 표정으로 말했다.

　"싫어도 맨날 봐야 하는 거니까요."

　8살의 장난꾸러기 현웅이는 3살짜리 어린 여동생을 '돼지 같기도 하고 강아지 같기도 한 존재'라고 말했다. 동생이 울고 보채면서 고

집을 부릴 때는 꿀꿀거리는 돼지처럼 시끄럽지만 자신을 오빠라고 부르며 따를 때는 강아지처럼 귀엽다는 것이다.

이렇듯 형제자매 사이는 부모와 자식 관계 다음으로 가깝고도 먼 애증의 관계다. 태어나면서부터 오랜 시간을 함께 보낼 뿐 아니라 종종 외모나 성격도 닮는다. 그러나 따뜻한 형제애로 가득하다고만은 할 수 없는 복잡하고 미묘한 관계이기도 하다. 냉정히 말해 형제자매가 행복한 삶의 필수 요소는 아니라는 뜻이다. 하지만 형제자매가 있음에도 그 유대 관계를 활용하지 못한다면 똑똑하고 창의적으로 사회화 능력을 얻을 기회를 버리는 것과 같다. 〈타임〉의 수석 편집자이자 형제자매 사이에 관한 책《The Sibling Effect 형제자매 효과》를 집필한 제프리 클루거는 형제자매 사이의 유대 관계를 바로잡지 않는 것을 가리켜 '100만 평의 비옥한 농토가 있음에도 아무것도 심지 않는 것과 같다'라고 말했다. 그는 인생은 짧고, 유한한 것이기에 진심을 다해 모든 관계를 마주해야 하며, 형제자매는 우리 인생에서 주어지는 수확물 중 가장 중요한 것일지도 모른다고 강조했다.

형제자매 관계의 특징

형제자매는 서로의 삶에 매우 독특한 방식으로 영향을 미친다. 형제자매는 여러 가족 구성원 중에서 가장 오래 지속되는 관계다.

별다른 이변이 없다면 청년기 혹은 성인기가 되어 부모로부터 독립할 때까지 한집에서 같이 살며 많은 시간을 함께 보낸다. 특히 아동기 동안 형제자매는 부모나 친구보다 더 많은 시간을 함께 보내며 밀접한 관계를 맺는다.

형제자매를 둔 대부분의 가정에서는 동생이 태어나는 순간부터 부모와 첫째 아이와의 놀이 시간이 줄어든다. 그러다 둘째가 두 돌 정도 되면 첫째의 주된 놀이 상대가 동생으로 바뀌기 시작한다. 형제자매는 하루의 대부분을 붙어 다니며 놀고 싸우며, 부모에게 같이 야단맞는다. 이 과정에서 형제자매 사이에는 경쟁심이 생기기도 하지만 미묘한 동지 의식도 싹튼다.

● 서로의 인생에서 가장 큰 지분을 차지하는 사이

형제자매는 오랜 시간 하루의 대부분을 함께 보내면서 서로에 대해 누구보다 많이 알고 있는 관계가 된다. 감정 교류와 그들만의 커뮤니케이션을 통해 부모보다 더 깊이 상대를 탐구하는 것이다. 때로는 다른 가족은 모르는 비밀을 몰래 공유하기도 한다. 안타깝게도 대부분의 부모는 자식보다 먼저 세상을 떠난다. 그리고 어린 시절의 단짝도 시간이 흐르면 소식이 끊기는 경우가 많다. 반면 형제자매는 세상을 떠날 때까지 정기적이든 비정기적이든 만남과 소식을 이어 나간다. 결국 인생 전체의 대인 관계에서 가장 오래 지속되며 가장 많은 지분을 차지하는 것이 형제자매라고 할 수 있다. 때문에 이들의 사이가 좋든 나쁘든 상당한 부분을 공유하면서 서로에게 영향을 주고받을 수밖에 없다.

형제자매 관계가 다른 인간관계와 차별되는 특징 중 하나는 형제자매는 태어난 순서나 힘에 따라 서열이 매겨지기도 하지만 동시에 상호적인 관계이기도 하다는 점이다. "형이잖아!", "오빠한테 까불어!", "누나 거야!"라는 말로 서열을 정하려고 하지만 함께 놀거나 이야기를 나눌 때는 서열이 없는 또래 같은 모습을 보인다. 가족 구성원을 크게 성인 집단과 아이들 집단으로 나누어보면 부모, 조부모, 고모, 삼촌 등의 성인 관계에는 강한 위계질서가 존재한다. 하지만 아이들 집단에서는 그에 비해 위계질서가 훨씬 약하다. 이는 가족 내에서 가장 평등하고 대등한 관계가 바로 '형제자매'임을 뜻한다.

즉 아이들은 가족 안에서 가장 세대 차이가 적고, 함께 공유하고 공감할 수 있는 것이 많다. 기본적으로 부모의 관심과 인정을 차지하기 위해 암투를 벌이지만, 그 과정에서 부모나 다른 성인 가족에게서는 느낄 수 없는 그들만의 공통점을 발견한다. 최신 유행하는 놀이나 패션, 그들만의 언어, 이성 교제 등은 부모보다 형제자매의 의견과 조언, 협력이 더 필요한 대표적인 영역이다. 이러한 공통점은 곧 서로에게 끈끈한 유대감을 느낄 수 있게 해준다.

● 가족, 친구, 동지의 결합체

형제자매 간 싸움도 부모와의 갈등과는 다소 다른 양상을 띤다. 아이는 부모로부터 일방적으로 잔소리를 듣거나 야단을 맞는 관계라고 여긴다면, 형제자매는 쌍방적인 관계로 인식한다. 싸움이 일어났을 때 서로 한 대씩 때리거나 약 올리고 고자질을 하는 등 매우 적극적으로 상호작용을 한다. 이때 두 아이가 함께 싸움이 일어나게 만든 문제를 해결하기도 하고, 부모의 개입을 통해 강제적으로 문제 자체가 차단되기도 한다. 이처럼 부모와의 관계에 비해 훨씬 느슨하고 편안한 사이는 두 아이가 서로를 '동지'로 여길 수 있게 만든다. 이는 다른 가족 구성원 간의 관계에서는 발견되지 않는 매우 독특한 특성이다.

형제자매는 암묵적으로 서로에 대한 책임과 희생, 돌봄의 의무를 지니고 있기도 하다. 둘 이상의 아이를 둔 부모는 때로는 노골적으로, 때로는 은밀하게 어렸을 때부터 형제자매의 우애를 강조한다. 여기에는 서로가 세상에서 둘도 없는 친구이자 보호자가 되어주길 바라는 마음이 담겨 있다. 이러한 부모의 노력에 아이들이 함께한 시간과 경험이 더해지면 서로에게 기꺼이 힘이 되어주고 부모처럼 서로를 돌봐주기도 하는 형제자매가 된다. 어린 시절 놀이터에서 동생을 때린 아이를 찾아 혼내주고, 싸우는 형을 위해 엄마를 찾아 나서는 것으로 힘이 되어준 경험은 형제자매가 있다면 누구나 가지고 있을 것이다. 성인이 되어 각자의 가정을 꾸린 뒤에도 어느 정도의 돈을 융통해주기도 하고 형제자매의 부부싸움에 중재자 역할을 하기도 한다. 비단 형제자매뿐 아니라 그들의 자녀들에게도 '사촌'이라는 강한 유대감을 심어준다.

주변을 살펴보면 부모를 잃은 조카를 입양하거나 후원자가 되어주는 고모나 이모, 삼촌을 발견할 수 있다. 혈족이라 하더라도 생계를 함께하지 않는다면 법적으로 부양의 의무를 질 필요가 없다. 그럼에도 형제자매는 부모-자녀 관계처럼 심리적으로 서로를 돌보고 도와주어야 한다는 마음이 자리 잡고 있다. 이런 형제자매 관계를 쌓은 아이들은 성인이 된 뒤 어려움에 부닥쳤을 때 심리적 지원체계가 없는 사람에 비해 실패를 극복할 가능성이 더 높다. 형제자매의 존재가 좌절과 실패에서 벗어나게 해주는 재기의 발판이 되어주는 것이다.

친구처럼 싸우고 날을 세우다가도 부모처럼 서로를 돌보고 챙겨주며 외부의 위협에 맞서 의기투합해 대항하는 것이 형제자매다. 친구와 부모만으로는 설명할 수 없는 매우 독특한 동질감을 맺는 것이다. 이러한 형제자매 관계도 어느 정도 성장하면 '친구'에 더 큰 의미를 부여하기 시작한다. 때로는 가족보다 친구 관계를 더 신뢰하고 의지하기도 한다. 하지만 가장 친한 친구를 뜻하는 '의형제'라는 단어를 떠올려보자. 친구보다 형제자매가 한 수 위라는 뉘앙스를 풍긴다. 피를 나누지 않아도 마치 한 형제인 듯 끈끈함과 의리, 책임과 희생을 나눈 사이를 뜻하는 말인 '의형제'는 어쩌면 형제자매 관계에 대한 부러움을 가득 담은 말일지도 모른다. 형제자매 관계가 늘 평온하고 행복할 수는 없지만 서로 특별한 혜택을 주며 즐겁고 책임과 의리가 따르는 이 독특한 관계는 분명 이롭고 도움이 되는 관계다.

발달에 따른 형제자매 관계 변화

형제자매 관계는 사실 동생이 태어나기도 전부터 시작된다. 엄마가 동생이 태어날 것을 아이에게 알리는 순간부터 형제자매 관계의 서막이 펼쳐지는 것이다. 유아기와 아동기 동안 형제자매는 서로의 발달에 막대한 영향을 끼친다. 손위 형제는 동생과 놀고 말하며 때로는 돌보는 방식의 상호작용을 통해 다양한 사회성 기술을 습득하고 연습할 기회를 가진다.

● 유아기의 안정적 관계

부모는 어린 아기와 대화할 때 그들이 좋아하고 쉽게 이해하는 이른바 '아기 말(베이비 랭귀지)'을 사용한다. 그런데 4~5세의 어린아이들도 자신보다 어린 동생을 대할 때면 눈을 마주치고 아기가 이해할 만한 수준의 언어를 사용한다. 가령 자신은 '구급차'라는 정확한 명칭을 알고 있지만 어린 동생이 쉽게 이해할 수 있도록 '삐뽀삐뽀'라고 말해주는 것이다. 동생과 커뮤니케이션하는 과정에서 자연스럽게 상대의 입장을 헤아려 자신의 행동을 조절하는 '공감 능력'이 발달하는 것이다. 반면 동생들은 손위 형제의 말과 행동, 놀이를 부지런히 관찰하고 따라 하면서 인지적, 언어적 자극을 받는다. 어린이집이나 유치원에서 손위 형제가 있는 아이들이 놀이를 리드하거나 상대적으로 더 높은 어휘를 사용하는 모습을 자주 볼 수 있는 것도 이러한 까닭이다. '모방'은 아이들의 학습에 절대적 영향을 미치는 요인이다. 아이들은 자신과 유사성을 가진 존재를 따라 하려는 심리를 가졌다. 때문에 어른보다는 발달 정도가 비슷한 형제자매의 행동을 잘 따라 한다.

이처럼 유아기의 형제자매는 꽤 안정적인 관계를 유지한다. 싸우기도 하지만 함께 놀이를 하며 서로의 성향을 파악하는 상호작용을 계속 이어나간다. 그러나 손위 형제가 학교에 가기 시작하면서 형제자매 관계에는 큰 변화가 찾아온다. 그동안은 형제자매가 함께 어울리며 서로에게 동지애를 느꼈지만, 큰아이가 학교에 가기 시작하면 동생보다는 밖에서 오랜 시간을 함께 보내는 친구라는 새로운 관계에 몰입하게 된다. 그러면서 형제자매 관계는 다소 소원해진다. 하지만 동생도 학교에 들어가게 되면 두 아이의 관계는 다시 긴밀해진다. 학교생활의 어려움이나 적응 기술을 서로 주고받는가 하면 부모에게는 말하기 불편한 주제에 관해서도 이야기를 나눈다.

● 조금씩 거리를 두는 청소년기

이러한 형제애와 동지애도 청소년기에 이르면 관계의 본질이 서서히 변화하기 시작한다. 형제의 성별에 따라, 개인의 성향에 따라 차이가 있지만 아이들 사이에 정서적 거리감이 생기기 시작하며, 여러 가지 갈등이 증폭된다. 이는 남매 사이에서 더욱 강하게 나타난다. 실제로 남매를 키워본 부모라면 서로 못 잡아먹어서 으르렁대는 모습을 심심찮게 목격했을 것이다. 이렇게 청소년기에 접어든 남매들이 티격태격하는 모습을 가리키는 '현실 남매'라는 신조어까지 생기기도 했다.

청소년기 남매의 사이가 좋지 않은 이유가 생물학적 특성에만 있는 것은 아니다. 사회문화적 기대와 학습 경험에 따른 관심사와 취향, 활동성, 반응성 등의 차이가 점점 뚜렷해지기 때문이다. 관계 지향적이고 섬세하며 보다 정교한 언어로 표현하는 여자아이와 목표 지향적이며 언어보다 행동을 통해 표현하는 경향이 높은 남자아이의 충돌이 본격화되면 서로를 못마땅해하고 이해하지 못 하는 일들이 늘어나기 시작한다. 여자아이는 자신의 오빠나 남동생을 '단순한', '답답한', '패션 감각이 없는', '무식한', '본능적인', '힘만 센' 존재로 여기기 쉽다. 반면 남자아이는 누나나 여동생을 '까다로운', '잘 삐치는', '잘난 척하는', '알지 못할 소리를 하는', '외모에 지나치게 신경 쓰는' 존재라며 어려워한다. 사춘기는 6~7세에 이어 성 정체성이 발달하고 성 역할의 고정관념을 습득하는 '성 전형화'가 강해지는 시기다. 이때 아이들은 사회가 자신의 성性에 기대하는 특성들에 충실히 반응한다. 즉 여자는 여자답게, 남자는 남자답게 행동하려고 노력하는 시기다. 따라서 남매간의 공통점이 가장 적은 시기이기도 하다. 이로 인해 두 아이 사이의 의견 충돌과 마찰이 일어난다.

청소년기에 남매간 전쟁이 심화되는 것에 반해 동성의 형제자매는 오히려 일시적으로 친밀감이 상승하는 경향을 보인다. 사춘기 초기에 맞이하는 고민과 관심이 비슷한 까닭에 이를 공유하는 과정에서 생겨나는 현상이다. 그러다 각자의 또래 집단에 대한 소속감이 확실해지면서 관계가 잠시 소원해지지만, 결국에는 청년기에 이르러 다시 친밀감이 상승하는 모습을 보인다. 이는 청소년기 감정 상태의 폭이 넓어지는 변화를 겪고 또래 관계를 통해 다양한 사회성과 공감 능력이 발달하면서 형제자매에 대한 이해와 공감 또한 커지기 때문이다. 이 시기 동성 형제자매의 친밀도 변화는 생활 방식에서도 큰 영향을 받는다. 서로의 취미나 관심사가 비슷할수록 친밀도가 높아지고 다를수록 정서적 거리감이 멀어진다.

● 시간이 지날수록 끈끈해지는 성인기

성인기가 되면 형제자매는 같은 집에서 살지 않을 가능성이 커진다. 서구 사회는 이 시기가 더욱 빠른 편인데 대개는 대학에 진학하면서 떨어져 지내게 된다. 우리나라는 대학 진학이나 취업 등의 이유로 인해 집을 떠나면서 형제자매의 물리적 거리가 멀어진다. 또한 성인이 된 뒤 취미나 연애, 직업 선택 등에 있어 점차 공통점이 사라지면서 두 아이 사이의 유사성도 줄어든다. 유사성은 모든 대인관계를 연결하는 가장 중요한 요인이다. 만일 형제자매가 비교적 가까운 거리에 사는 '근접성'을 갖는다면 서로의 경험을 공유하면서 친밀함을 지켜나갈 수 있다.

이렇듯 다양한 변화에도 불구하고 형제자매 관계가 계속 유지되고 나름의 끈끈한 애정을 키우는 이유는 무엇일까? 아마도 가족관계에서 일어나는 다양한 대소사를 함께 해결하고 경험하면서 우리들이 서로 밀접하게 연결되어 있다는 결속력과 단결력을 느끼기 때문일 것이다.

청소년기와 마찬가지로 성인기의 형제자매 역시 성별은 친밀감을 결정하는 데 큰 역할을 한다. 일반적으로 자매는 가장 자주 만나며 커뮤니케이션을 지속하는 사이로 알려져 있다. 그다음으로 남매의 접촉 빈도가 높으며, 남자들로만 이루어진 형제의 왕래가 가장 적은 것으로 나타났다.

나이 들수록 형제자매에게 '서열'이라는 의미는 점차 희미해진다. 두 아이의 관계는 친구처럼 변해가고 동료애와 우정이 깊어진다. 이제 성인이 된 두 아이의 관계에 큰 영향을 미치는 변수는 바로 형제자매의 결혼, 이혼, 죽음 등이다.

형제자매가 서로에게 미치는 영향

상담을 하다 보면 종종 친구를 사귀는 데 어려움을 겪는 아이들을 만나곤 한다. 아이에게 가족 중 가장 친한 사람을 고르라고 하면 형제자매가 있는 경우 대부분 그들을 선택한다. 반면 친구가 많은 아이에게 같은 질문을 던지면 부모, 그중에서도 특히 엄마를 선택하는 경향이 강하다. 이렇게 대조적인 반응을 보이는 것은 친구를 사귀지 못해 생기는 부정적 심리나 결핍을 형제자매를 통해 보상받기 때문이다. 간혹 아이들이 자주 다퉈서 사이가 나쁜 것은 아닌지 걱정하는 부모들이 있다. 하지만 아이들이 티격태격하며 서로의 뜻이 맞지 않는 부분을 가리면서 나름의 심리적 교감을 주고받을 수 있으니 지나친 다툼이 아니라면 크게 걱정하지 않아도 된다.

● 서로의 마음을 단단하게 만들어주는 사이

형제자매는 서로에게 친구가 되어주기도 하지만 때로는 부모의 역할을 대신하기도 한다. 특히 맞벌이를 하거나 우울증과 같은 다양한 문제로 인해 큰아이가 부모를 대신해 동생을 돌보는 경우 두 아이 사이에는 부모-자식과 같은 특별한 애착 관계가 형성된다. 터울이 크다면 실제로 큰 아이가 부모처럼 양육 행동을 담당하기도 하며, 터울이 작아도 서로에게 강한 애착을 느낀다. 가장 가까이에서 함께 자라며 서로 많은 것을 배우는 형제자매는 강한 유대감으로 맺어진 관계다. 여기에서 삶의 안정과 풍요로움, 그리고 적지 않은 위안과 즐거움을 얻을 수 있다.

과거에 상담했던 진주와 진희 자매는 마치 꼬마 원숭이들이 껴안고 있듯 늘 붙어 다녔다. 우울증이 심했던 아이들의 엄마는 소리를 지르거나 물건을 던지기 일쑤였다. 그럴 때마다 자매는 꼭 달라붙어 서로에게서 위안을 구하고는 했다. 진주보다 고작 두 살이 많았던 진희는 아직 어린아이임에도 엄마처럼 동생을 돌봐주었다. 진주도 언니를 엄마처럼 따랐다. 자매의 관계가 결코 건강하다고 할 수는 없다. 하지만 서로의 존재 덕분에 모성애의 부재라는 힘든 상황을 견뎌낼 수 있었다. 진주에게 진희가, 그리고 진희에게 진주가 없었다면 아이들의 정서와 자존감 형성에 훨씬 나쁜 영향을 미쳤을 것이다. 견고한 형제자매 관계는 서로의 정서를 지켜주는 큰 방패

막이다.

가족은 태어나서 처음 만나는 사람이다. 이들은 아이의 능력과 인식 발달에 중요한 역할을 한다. 그중에서도 우리 자신에 대해 갖는 이미지이자 타인이 평가하는 자신의 모습을 뜻하는 '자존감'은 형제자매 관계로부터 생성되기도 한다. 가령 아직은 서툴지만 젓가락질을 하는 자신의 모습에서, 그리고 이를 보며 감탄하고 따라 하는 어린 동생의 모습을 보면서 첫째는 자신이 꽤 유능한 존재라는 느낌을 받는다. 상대적으로 동생이 열등감을 느낄 수도 있지만 이는 금세 첫째의 모습을 그대로 따라 하려는 열정으로 바뀌고 그 모습을 칭찬하는 가족으로부터 인정받으며 열등감을 해소한다. 이렇듯 첫째에게는 스스로 해낸다는 성취감을, 둘째에게는 모방하려는 시도를 격려해 준다면 두 아이 모두의 자존감을 키울 수 있다.

● 사회성을 키워준다

"동생이 따라 한다"라는 말은 모든 첫째가 듣기 싫어한다. 이 말 뒤에는 반드시 "그러니 네가 모범을 보여야지!"라는 말이 붙기 때문이다. 이 말이 부담스럽지 않은 첫째는 없을 것이다. 장남이나 장녀가 된다는 특별한 지위는 대개 많은 특권을 가져다주지만 동시에 부담과 어려움을 가져다주기도 한다.

그런데 실제로 수많은 연구 결과를 보면 이러한 말에 어느 정도 근거가 있다는 사실을 알 수 있다. 물론 인간관계는 일방적일 수 없으며 서로 영향을 주고받을 때 발전할 수 있으므로, 첫째 아이가 둘째에게 영향을 미치는 만큼 둘째도 첫째에게 영향을 준다. 동생을 가르쳐본 경험이 있거나 일종의 책임 의식을 느낀 첫째 아이는 그런 경험이 없는 또래보다 학업 적성검사에서 더 높은 점수를 받는다는 연구 결과가 있다.

첫째 아이는 여러 측면에서 동생에게 매우 강력한 영향력을 미친다. 대인관계의 기본인 '유사성의 원리'에 따라 형제자매는 누구보다 서로에게 더 잘 이끌리기 때문이다. 엇비슷한 나이와 흥미, 관심사, 발달 수준까지 부모보다 더 많은 유사성을 가졌다. 이런 상황에서 발달이 좀 더 빠른 첫째가 또래와 어울리면서 경험한 새로운 문화나 가치를 자연스럽게 동생에게 소개한다. 보다 앞선 지식과 사고를 바탕으로 진화하려는 인간의 본능과 호기심은 둘째가 첫째를 모방하게 만든다.

형제자매는 갈등을 해결하는 방법도 함께 공유하며 자란다. 만일 다툼이 잦거나 몸싸움으로 번지는 경우가 많았다면 또래와의 싸움에서도 힘을 사용하거나 공격적으로 대처하는 경향이 높다고 한다. 이는 형제로부터 공격 행동을 학습한 결과다.

아이들은 부모를 통해 밥상머리 교육부터 인사하는 법, 정리 정돈과 같은 기본적인 예절과 사회적 규범을 배운다. 그리고 형제자매로부터 장난치는 법, 새로운 놀이를 하는 법, 최신 유행하는 말투와 패션, 게임, 친구들 사이에서 인기를 얻는 법, 이성 교제 등 보다 실용적인 사회성 기술을 배운다. 손위 형제를 둔 아이는 부모와 형제라는 두 가지 채널을 통해 좀 더 다양한 정보와 경험을 얻을 수 있다는 점에서만은 외동아이보다 유리한 위치에 있는 것은 확실해 보인다.

영국 케임브리지 대학교 뉴넘 칼리지에서 실시한 연구는 형제자매 관계가 사회화에 미치는 영향을 잘 보여준다. 클레어 휴스 교수는 140가구의 2세 아동의 성장 과정을 5년에 걸쳐 추적하고 관찰했다. 아이들이 부모와 형제자매, 그리고 친구, 낯선 사람들과 상호 교류를 맺는 과정을 기록한 것이다. 연구 결과, 다른 누구보다 형제자매와 어울리는 과정에서 아동의 사회적 이해도가 증가했음을 확인했다.

이 연구 결과에서 가장 흥미로운 점은 둘째의 사회성 발달이다. 연구 시작 당시 2세였던 둘째 아이들이 6세가 될 즈음에는 사회적 이해력이 첫째와 거의 같은 수준에 도달한 것이다. 이는 둘째 아이가 첫째와 대화하거나 다투고 경쟁하는 과정에서 사회성과 감정적 언어가 발달한 결과라고 한다.

형제자매 관계에 대한 또 다른 흥미 있는 연구는 형제자매와 비만의 상관관계를 다룬 것이다. 스웨덴 예테보리 대학교 살그렌스카 아카데미 연구팀은 유럽의 식생활 습관이 어린이의 비만과 건강에 미치는 영향력을 연구했다. 스웨덴, 이탈리아, 독일, 스페인 등 유럽 8개국의 2세~9세 아동 1만 2,700명을 연구한 결과, 외동아이가 과체중이거나 과체중이 될 위험이 형제자매가 있는 아이보다 50% 이상 높았다. 연구팀은 성별, 출생 당시 체중, 부모의 체중, 그리고 아이들의 식습관과 TV 시청 시간, 야외 놀이시간 등 체중에 영향을 미칠 만한 요인을 감안했음에도 이러한 차이가 나타났다고 밝혔다. 이는 아마도 형제자매가 있으면 함께 놀이하는 시간이 많아지면서 활동량이 증가하기 때문으로 보인다.

● 때로는 독이 되기도 한다

형제자매가 서로 영향을 주고받는 것이 늘 좋은 것만은 아니다. 동생들은 손위 형제를 통해 보다 수준높은 사회성 발달을 이루기도 하지만 좋지 않은 영향을 받을 수도 있다. 만일 맏이가 공격적이고 반사회적이거나 우울 증세 등을 보인다면 시간이 지날수록 동생도 그러한 성향을 따라갈 위험이 크다. 《성경》에 따르면 인류 최초의 살인은 '카인과 아벨' 형제에게서 발생했다고 한다. 비극적 형제자매 관계는 신화, 종교, 소설, 드라마, 영화, 뉴스의 단골 주제이기도 하다.

미국 일리노이 대학교는 언니가 10대에 임신하면 동생도 그 영향을 받아 10대에 임신할 위험이 높아진다는 연구 결과를 발표했다. 이 연구를 진행한 가족 심리학과의 로리 크래머 교수는 형제자매가 사회화의 통로 역할을 하기 때문이라고 설명했다. 그러면서 형제자매 사이가 좋으면 10대는 물론이고 성인이 되어서도 자신이 하는 일에 대해 더 긍정적인 결과를 얻을 수 있지만, 반대로 아동이 반사회적인 행동을 할 경우에도 그 이유를 형제자매 관계에서 찾을 수 있다고 주장했다.

형제자매 관계가 밝고 긍정적일 때는 두 아이의 정서와 사회성이 발달하는 자원의 기능을 한다. 하지만 부정적인 관계일 때는 서로를 심리적으로 취약하게 만들며 다양한 문제 행동을 일으키기도 한다. 특히 반복적인 갈등과 공격성을 드러내온 형제자매는 청소년기의 비행과 반사회적 행동을 유발한다. 실제로 형제자매 관계가 부정적일 때 아동의 공격적 행동의 빈도와 강도가 증가한다는 연구 결과가 많다.

사실 형제자매가 있는 가정에서는 크고 작은 다툼이 끊이지 않는다. 하지만 흔히 발생하는 사소한 다툼이라도 방치하면 아동의 정신건강에 안 좋은 영향을 미친다는 연구 결과가 있다. 미국 뉴햄프셔 대학교 연구팀은 생후 1개월부터 17세까지의 아이들을 대상으로 육체적·심리적 공격이나 형제자매의 장난감을 망가뜨리는 등의 행동이 어떤 영향을 미치는지 조사했다. 그 결과 형제자매 사이의 갈등과 다툼에서 생기는 스트레스가 또래 집단에서 일어나는 괴롭힘이나 따돌림과 비슷한 수준의 정신적 고통을 안겨주는 것으로 확인되었다. 또한 이러한 공격은 강도나 횟수에 관계없이 아이들에게 부정적 영향을 끼치므로 아이들의 다툼을 자연스러운 성장 과정으로만 볼 게 아니라 각별히 주의를 기울일 필요가 있다.

자매가 필요한 32가지 이유

1. 내가 언제 헛소리를 하는지 알 수 있다.
2. 아침에 입어야 할 옷을 결정하지 못했을 때, 대신 골라주기도 한다.
3. 누구에게도 말할 수 없는 부끄러운 이야기를 할 수 있다.
4. 언제든 함께 술을 마실 수 있는 친구가 생긴다.
5. 당신이 겪었던 좋은 일, 나쁜 일, 힘든 일 등 모든 것을 알고 있다. 그리고 이런 일들로 당신을 평가하지 않는다.
6. 결혼식의 대표 들러리로 누구를 선택할 것인지 고민할 필요가 없다.
7. 어린 시절 부모님이 끔찍한 옷을 입혔을 때, 내 옆에는 끔찍한 옷을 입은 아이가 한 명 더 있었다.
8. 당신답지 않았던 모습들을 알고 있다.
9. 독특한 '성姓'이 주는 고충을 알아준다.
10. 당신의 모습이 추레할 때면 언제든 말한다. 물론 당신이 예쁠 때도.
11. 문제가 생겼을 때 가장 먼저 전화해준다. 그리고 당신에게 달려와준다.
12. 완벽한 포옹을 해준다.
13. 영화 사이트 아이디를 공유한다고 하자. 이제껏 본 영화에 기반해 '당신을 위한 추천 영화'가 뜰 것이다. 자매는 이런 거로 당신을 평가하지 않는다.
14. 인간관계든, 신용카드 고지서든, 퇴직연금저축이든 당신의 인생에 관해 조언해줄 누군가가 항상 있다.
15. 당신의 연인이 어떤 사람인지 누구보다 잘 평가해준다.
16. 당신이 루이스라면 그녀는 델마다.

17. 당신의 구구절절한 가족사에 대해 설명할 필요가 없다. 함께 살아왔으니까.
18. 엄청나게 싸우지만 평생 함께할 유일한 사람이라는 사실에는 한 치의 의심도 없다.
19. 당신에겐 함께 성장하고 나이 들어갈 사람이 있다.
20. 곤경에 처한 당신에게 늘 최고의 조언을 해줄 수는 없지만 조언을 해주기 위해 늘 곁에 있다.
21. 언제 어디서나 직언을 해준다.
22. 그녀의 옷장이 곧 나의 옷장이다.
23. 진심으로 당신의 이득을 생각해주는 친구다.
24. 나이가 많든 적든, 당신에게 최고의 롤모델 중 하나다.
25. 별생각 없이 소파에 앉아 영화를 보고 싶을 때 항상 같이 앉아주는 사람이다.
26. 당신의 민망한 비밀들을 알고 있다.
27. 우리만 아는 최고의 농담을 할 수 있다.
28. 하나부터 열까지 모든 게 맞는 당신의 소울메이트다.
29. 그녀만큼 당신의 진짜 모습을 아는 사람은 없다. 당신이 진짜 모습과 멀어지기 시작한다면 다시 제자리로 돌려보낼 것이다.
30. 지속적인 사랑과 격려, 정직함을 주는 원천이다.
31. 그녀는 끝내주는 이모가 될 것이다.
32. 그녀는 당신을 위해 무엇이든 할 수 있다. 당신의 인생에 어떤 일이 일어나든 항상 당신의 뒤에 서 있을 것이다.

* 출처: <허핑턴 포스트US>, 32 Amazing Things About Having A Sister

3. 출생 순서에 따라 다르게 키워라

우리나라 사람들은 소위 '호구조사'라는 것을 즐겨 한다. 나이는 몇 인지, 고향은 어디인지 등을 묻는다. 그러다 형제자매 이야기가 나오면 몇 째냐는 질문이 따라붙는다. 외동아이라고 하면 "그래서 하고 싶은 건 꼭 하는구나!"라는 대답이, 5남매 중 셋째라고 하면 "아이고, 샌드위치처럼 가운데 껴서 힘들었겠다"라는 대답이, 막내라고 하면 "어쩐지, 애교가 많더라"와 같은 말이 되돌아오곤 한다. 심리학자가 아니어도 자신과 주변 사람들의 삶을 통해 출생 순서가 성격 형성에 어떤 영향을 미치는지 어림짐작이 가능한 것이다.

물론 출생 순서가 아이의 성격에 영향을 미치는 핵심 요소는 아니다. 형제자매의 수, 나이 차, 성별 외에도 사회문화적 특성도 큰 역할을 한다. 전통적으로 장남을 우대하는 우리나라의 경우 위로 누나가 넷인 집안에 막내로 아들이 태어나면 그는 우리가 흔히 알고 있는 막내의 특성이 아닌 첫째의 특성을 보일 가능성이 높다. 이처럼 출생 순위에 따라 성격을 획일적으로 규정하는 것은 위험하므로 신중한 접근이 필요하다. 그럼에도 심리학자 아들러의 '출생 순위에 따른 개인의 경향성'에 대한 관찰은 매우 흥미롭다. 출생 순서는 곧 나이, 체격, 힘, 가족 내 지위의 차이를 일으키는 지표이기 때문이다. 출생 순서 그 자체가 아니라 그로 인한 변수에 따라 아이들의 성격이 영향을 받는 것이다.

개인 심리학의 창시자인 알프레드 아들러는 형제의 출생 순서에 가장 큰 관심을 나타낸 심리학자로 유명하다. 아들러는 인간이 어떤 행동을 하게 만드는 가장 큰 심리적 원동력을 '열등감'이라고 주장했다. 모든 인간은 열등감을 지니고 있으며 이를 극복해 우월해지기 위한 노력이 인간의 성격과 생활양식에 큰 영향을 미친다는 것이다. 그리고 이러한 열등감에 큰 영향을 미치는 요인 중 하나가 바로 '출생 순위'다. 몇 번째로 태어났는가가 그 아이의 입지를 결정적으로 좌우하기 때문이다.

동생은 형에 비해 발달적으로 미숙해 어릴 때부터 열등감을 많이 지닐 수밖에 없다. 반면 첫째 아이는 갑자기 나타난 동생이 부모의 사랑을 독차지하거나 자신을 앞지를지도 모른다는 생각에 자신감이 떨어지고 불안함을 느낀다.

미국의 심리학자이자 개인의 성격 발달을 연구한 프랭크 설로웨이도 자신의 책 《타고난 반항아》에서 출생 순서가 성격에 미치는 영향을 강력하게 주장했다. 그는 부모의 사랑을 두고 형제자매가 벌이는 경쟁 속에서 각자의 전략을 구사하며 성격을 형성하는데 이는 출생 순서와 관계있다는 것이다. 맏이는 동생이 태어나기 전까지 받아온 부모의 사랑을 유지하기 위해 부모에게 협력하는 성향을 발전시키는데, 이때 권위와 힘, 나이를 이용해 동생을 제압한다. 그래서 형은 순응적이고 보수적인 반면 동생은 형과 다름을 보여주기 위해 모험적이고 창조적이며 반항적인 성향을 보인다고 설명했다.

아들러는 첫째, 둘째, 중간, 막내, 독자라는 다섯 가지 순서 지위에 대해 설명했다. 이 책에서는 쌍둥이와 다둥이도 포함했다. 형제자매가 있는 가정이라면 한 번쯤 참조해보면 좋을 듯하다.

첫째 아이, 폐위된 왕

첫째의 임신과 출산은 대부분의 가정에서 가장 큰 희소식이며 모든 가족의 관심을 받는 사건이다. 부모는 특별한 존재인 첫째 아이를 최선을 다해 돌본다. 양육 경험이 없는 부모에게 있어 첫째 아이를 키우는 것은 모든 상황이 시행착오에 가깝다. 아이를 키우는 매 순간이 실험하는 듯한 기분일 것이다. 따라서 첫째에게 모든 사랑을 쏟지만 동시에 첫 아이인 만큼 더욱 엄격하게 훈육한다. 이런 이유로 첫째 아이 중 완벽주의자 성향을 보이는 경우가 많다.

첫째는 다른 출생 순위의 아이들과 달리 부모의 애정과 관심을 독점한 경험이 있어 부모와 첫째의 관계는 매우 끈끈하며 서로에게 강한 애착심을 형성한다. 때문에 첫째는 다른 출생 순서의 아이들에 비해 높은 지적 능력을 나타내며, 성인과도 가장 원만한 관계를 형성한다. 성인의 기대나 가치에 동의하는 경향도 높고, 성인을 기쁘게 하려는 욕구도 많다. 동생들을 잘 돌봐주고 배려하거나, 학교에서 친구들을 이끄는 리더십을 보이는 사회적 책임감도 첫째 아이의 특징이다. 조지아 주립대학교의 심리학자들은 2012년에 최근 20년간 성격에 관한 연구를 종합한 논문 500여 건을 분석했다. 그 결과 맏이(또는 심리적으로 맏이 역할을 맡은 아이들)가 리더십이 필요한 역할을 맡고 성과를 위해 노력하는 경우가 가장 많다는 것을 밝혀냈다.

이러한 특성 때문인지 특별히 책임감과 통솔력이 필요한 육군 장군이나 해군 제독이 된 인물 중에는 첫째의 비율이 월등히 높다고 한다. 또한 미국 경영자 모임인 비스티지에 따르면 경영자의 44%가 첫째라고 한다. 막내는 23%, 중간 동생은 33%의 비율을 보였다. 완벽주의자 성향답게 힐러리 클린턴, 알베르트 아인슈타인, 스티븐 스필버그, 지그문트 프로이트, 조앤 K. 롤링 등 큰 성공을 거둔 사람 중에도 첫째가 많다.

하지만 놀랍게도 정신병원에 수용된 환자 중에도 첫째의 비율이 가장 높다고 한다. 이는 첫 번째로 태어났기에 감수해야 하는 약점 때문일지도 모르겠다. 부모의 애정과 관심을 당연시하게 되면서 자신이 주목받거나 떠받들여지지 않을 때 쉽게 스트레스를 받고 불만을 표현하는 것이다. 달콤한 말이나 꾐에도 약해 상대가 잘해주면 쉽게 속아 넘어가며, 분위기에 휩쓸려 한턱내거나 무리한 요구까지 들어주는 허세를 부릴 수도 있다. 또한 부모가 동생들에게 첫째의 말에 복종할 것을 요구하거나 첫째만 특별 대우를 한다면 리더가 아닌 독불장군이 되기 쉽다. 이런 첫째는 자기중심적이며 공감 능력이 부족해 협력에 서툴다. 또한 타인에게 지나치게 간섭하거나 편 가르기와 같은 불화를 조장하는 경향을 보인다. 아들러는 이를 자신의 스트레스를 다스리기도 전에 동생에게 부모의 애정을 빼앗기거나, 동생의 뛰어난 능력에 자신감을 잃을 경우 '왕'이라는 자리를 빼앗긴 마음의 상처가 크게 작용한 결과라고 보았다.

첫째 아이의 인격 형성에 가장 큰 영향을 미치는 원인은 동생의 출생이다. 보다 정확히 말하면 동생이 몇 년 후에 태어나는가라고 하겠다. 어느 정도 나이 차이가 있다면 그동안 부모의 사랑과 관심을 충분히 받았고, 심리적으로도 성장하여 동생이 생겨도 비교적 의젓하고 느긋한 성격을 지닌다. 하지만 동생과의 터울이 적으면 사랑을 뺏겼다는 생각이 피해 의식으로 발전되면서 자기방어적 성격을 보일 수 있다. 자기 영역을 지키기 위해 물건에 집착하거나 부모의 관심을 되찾기 위해 공격적 행동을 보이는 경우가 그러하다. 만약 동생이 상대적으로 발달이 우수하다면 첫째의 자신감이 저하되면서 강한 질투심을 보일 가능성도 크다.

많은 심리학자들은 형제간 터울로 3살 이상을 추천한다. 이는 아이들의 심리 발달 단계를 고려한 계산이다. 최소 3세 이상이 되어야 아이가 심리적으로 독립된 자아를 형성하기 시작하기 때문이다. 자아는 다양한 스트레스에 대처할 수 있도록 지원하는 역할을 한다. 아직 자아가 형성되지 않아 스트레스를 스스로 관리할 수 없는 3세 이전의 아이에게 동생이 생긴다면 어떠할까? 전적으로 부모에게 의지해야 하는데 엄마가 동생을 돌보느라 자신을 도와줄 수 없게 되면 스트레스에 압도될 수밖에 없다.

가장 위험한 터울은 2살 차이다. 생후 16개월에서 24개월은 '마의 시기'라 불릴 정도로 불안정한 때로, 심리학에서는 이를 '재접근기'라고 부른다. 대부분의 아이는 돌 전후에 걸음마를 시작한다. 걸을 수 있게 된 아이는 부모의 손을 뿌리치며 스스로 세상을 탐색하는 시도를 한다. 하지만 얼마 지나지 않아 아기는 혼자 살펴보기에는 이 세상이 위험하다는 사실을 깨닫는다. 궁금하지만 위험한 세상. 아기는 세상을 독립적으로 탐색하고 싶은 마음과 위험에 대한 불안으로 엄마를 찾는 '의존과 독립'을 반복한다. 결국 '재접근기'는 엄마 손을 뿌리치고 갔다가 갑자기 '엄마'를 부르며 찾는 시기인 것이다. 이때 부모는 아이가 엄마를 찾으며 도움을 필요로 할 때 신속히 다가가야 한다. 아이가 원하는 순간에 애정을 주지 못하면 극도로 불안감을 느껴 세상을 탐색하는 것을 멈추고 엄마의 품에 안주하려고 한다.

이러한 '재접근기'에 동생이 태어나면 엄마는 출산과 산후조리를 위해 며칠에서 몇 주를 아이와 떨어져 보내야 한다. 게다가 집에 돌아온 엄마는 예전처럼 아이가 필요할 때면 바로 와주지 않고 동생에게만 신경 쓴다. 이런 경험을 한 아이는 자신이 엄마에게 버려지거나 더 이상 돌봐주지 않을 거란 불안함과 동생에게 엄마의 사랑을 뺏겼다는 피해 의식을 느낄 것이다. 아들러는 이러한 첫째의 마음을 '동생에게 왕좌를 빼앗긴 상처'라고 불렀다. 2살 이하의 터울은 첫째 아이에게 왕좌를 빼앗기는 '폐위'라는 경험을 안겨준다.

터울이 너무 많은 것도 좋지 않다. 특히 형제간 터울이 6살 이상 차이 나면 공감대 형성이 어렵고 활동을 공유할 일이 없어 외동아이처럼 각자 생활할 가능성이 높다.

둘째 아이, 탁월한 중재자

둘째가 이 세상에 태어난 순간 그의 앞에는 강력한 경쟁자가 존재한다. 달리기 경주로 치자면 뒤쫓아오는 둘째를 의식하며 선두를 지키는 첫째 아이가 있는 셈이다. 둘째는 열심히 달리면 첫째를 따라잡을 수 있을 거라 생각하지만 생각보다 녹록하지 않다. 최소 1년 정도 발달이 빠른 첫째를 상대하는 것은 결코 쉬운 일이 아니다.

때문에 둘째는 첫째가 추구하지 않거나 잘하지 못하는 영역에 더 많은 관심을 둔다. 만일 첫째가 달리기는 잘하지만 책 읽기를 즐기지 않는다면 둘째는 열심히 책을 읽어 부모의 인정을 얻으려는 노력을 할 것이다. 이처럼 둘째는 태어날 때부터 존재하는 경쟁자라는 페널티(불이익)를 극복하기 위해 '최고가 되려는 노력'을 많이 한다.

첫째가 부모의 관심과 사랑, 그리고 기대를 듬뿍 받으며 책임감을 발달시키는 것과 달리 둘째는 책임감이 다소 부족한 편이다. 대신 독립심이 높다. 때문에 고집이 세고 권위에 반발심을 보이는 경우가 많다. 또한 첫째에 비해 부모로부터 사랑받지 못했다고 느낄 때가 많아 쉽게 불행감을 느끼며 자신을 봐달라는 요구가 많은 편이다. 미국 대통령이었던 조지 W. 부시의 동생인 닐 부시는 자신의 형과 비교되는 것을 참을 수 없었다고 고백하기도 했다.

부모의 관심을 한몸에 받는 첫째도 아니고, 하고 싶은 대로 해도 혼나지 않는 막내도 아닌 둘째라는 위치는 가족에게 제대로 인정받지 못하고 무시되기 일쑤다. 따라서 어떻게든 사람들의 눈에 띄기 위해 노력한다. 둘째 아이는 말 그대로 사이에 끼어 있기 때문에 사교적이고 관계에 있어 충실하다. 둘째의 특징인 뛰어난 사회생활과 탁월한 중재자로서의 모습은 이러한 상황에서 원인을 찾을 수 있다.

둘째로 태어난 아이들은 첫째와 비교할 때 협력하는 기질이 강하다. 힘으로는 첫째를 이길 수 없다는 사실을 잘 알기에 충돌을 피하면서도 자신의 이익을 챙기는 과정에서 발달한 성격이다. 또한 첫째의 행동을 관찰하면서 자연스럽게 사람을 대하는 방식을 파악한 뒤 상대의 마음에 들기 위해 애씀으로써 언제 어디서나 잘 적응하는 능력을 보인다.

둘째의 성격 발달은 타고난 기질과도 큰 관련이 있다. 만일 둘째가 강하고 패배를 싫어하는 기질을 가졌다면 공격적인 야심가로 발달할 수 있다. 둘째의 가장 중요한 도전 과제는 '첫째를 이기는 것'이다. 늘 경주하듯 행동하고 이기기 위해 전력투구하는 것은 언젠가는 첫째를 뛰어넘겠다는 둘째의 강한 열망이 발현된 것이다.

형제자매 사이를 자주 비교하는 가족에서 성장할 경우, 둘째는 매우 경쟁적인 성격으로 발달할 것이다. 세계적인 지휘자 헤르베르트 폰 카라얀은 형의 피아노 실력을 질투해 피아노를 배웠고, 몇 년이 지나 형의 실력을 뛰어넘어 세계적으로 명성을 날렸다. 그는 형을 완전히 압도한 뒤에도 형에 대한 경쟁심을 지우지 못해 '이 세상에 카라얀이 둘이어서는 안 된다'라는 이유로 형에게 이름을 바꾸라고 강요하기도 했다.

영화 〈토르〉에는 형을 이기지 못하는 자신에게 분노를 표출하는 동생 로키의 모습이 등장한다. 아버지의 사랑을 받지 못한 콤플렉스 덩어리 로키는 후계자로 지목된 자신의 형 토르를 제거하려 무차별적인 공격도 서슴지 않는다. 자신을 위협하는 경쟁자에 대한 과다한 방어와 부모의 사랑을 더 차지하기 위해 나와 가장 비슷하고 가까운 혈육에게 적대심과 경쟁심을 키우는 것. 심리학에서는 이를 가리켜 '카인 콤플렉스'라고 한다. 인류 최초의 살인자이자 동생 아벨을 죽인 카인의 이름에서 기인했다. 둘째 아이는 맏이를 향해 카인 콤플렉스를 표출하는 경향이 강하다.

둘째 아이는 태어나는 순간부터 사랑을 쟁취하기 위해 경쟁에 뛰어들어야 하는 숙명을 지녔다. 이 때문인지 우리나라 재벌가의 기업 경영 상황을 보면 차남, 즉 둘째가 가업을 잇는 경우가 증가하고 있다. 무한경쟁이 펼쳐지는 현대사회에서는 과거의 장자 승계 원칙이 아닌 능력에 따라 경영권을 승계한다. 타고난 야심가 기질이 강한 둘째는 '형만 한 아우 없다'는 옛말을 보기 좋게 깨면서 첫째를 압도하는 경영 능력으로 자신의 자리를 꿰찬 것이다.

만일 둘째의 타고난 기질이 소심하고 느릴 때 부모로부터 격려받지 못하면 아이는 쉽게 포기하는 성격이 될 수 있다. 평범한 능력의 둘째가 첫째와의 경쟁을 원치 않을 경우 성공에 대한 열망을 포기하고 현실에 적당히 안주하려는 경향을 보인다. 하지만 이는 형제자매가 많았던 봉건시대에서 볼 수 있는 성격 유형이며, 소수의 자녀를 출산하는 현대에는 이러한 성향을 보이는 둘째는 드문 편이다.

둘째는 다른 형제 순위에 비해 뛰어난 현실 감각을 지니고 있다. 늘 자신보다 앞선 존재와 경쟁하며 비교당하는 상황이 성격에 영향을 미친 것이다. 어떻게 해야 살아남을 수 있는지, 무엇이 위험한 상황인지를 잘 간파한다. 현실적 계산에 능숙하고 감언이설에 쉽게 속아 넘어가지도 않으며 상대의 약점도 잘 파악한다. 이는 어린 시절부터 몸에 익힌 둘째만의 소중한 자산이다. 이러한 자산은 둘째 아이를 훌륭한 중재자이자 유능한 문제 해결자로 성장시킨다.

일반적으로 부모는 첫째에게 더 많이 투자한다. 질투심 강한 첫째는 이러한 관계의 유지를 원한다. 따라서 보수적이고 새로운 아이디어를 배척하는 성향을 보인다. 반면 둘째는 나이와 능력 면에서 우위에 있는 첫째와 맞닥뜨리므로 자신만의 관심사를 찾아내려 한다. 그래야 부모에게 사랑받을 수 있다고 생각하기 때문이다. 자신이 잘하는 것을 찾기 위해 광범위한 것에 관심을 두고 그 경험은 개방적이고 변화를 추구하는 융통성을 키운다. 첫째 아이보다 모험을 즐기고 편견이 적은 성향은 첫째가 먼저 차지한 왕의 자리에 대응하기 위한 전술이자 둘째만의 적응 방식이라 할 수 있다.

중간 아이, 강인한 생명력

중간 아이는 전체적으로 둘째와 비슷한 특성을 보인다. 대개 첫째는 막내와 동맹을 형성하며 형제자매 사이에서 대장 노릇을 한다. 중간 아이는 이에 대한 반감을 지니며 첫째와 반대되는 방향으로 행동하거나 발달한다.

형제자매 수가 많은 가족에서의 중간 아이는 부모로부터 가장 보살핌받지 못하는 존재다. 때문에 자기 일은 스스로 해내는 자립심이 발달했다. 타인에게 도움을 청하는 것은 스스로 시도해본 뒤 혼자서는 힘들겠다는 판단이 선 다음이다. 타인이 해결해줄 때까지 기다리는 기질의 첫째와는 완연히 다르다. 여기에 첫째와 동생 사이에서 치이는 중간 아이는 부정적인 자아상을 형성하기 쉽다. 이는 낮은 자존감으로 연결된다. 때문에 학업이나 직업에서 성공을 이루지 못할 수도 있다. 하지만 이를 극복한다면 잡초의 강인한 생명력처럼 오히려 더 강한 자아와 개성을 지닌 존재로 성장한다.

대가족에서 중간 아이들은 다양한 가족 구성원을 보면서 다른 사람의 잘못으로부터 학습할 기회를 더 많이 얻게 된다. 뿐만 아니라 의사소통 기술, 협상 기술, 스트레스에 적응하고 대처하는 능력을 배운다. 이를 통해 상황을 다양한 방식으로 조망하고 이해할 수 있는 능력을 갖추면서 사회적인 상황에서 창의적인 해결책을 도출해내기도 한다. 이러한 특성을 보인 중간 아이는 다른 형제 순위에 비해 사회적 능력과 인내력 측면에서 최강의 발달을 보인다.

막내 아이, 위대한 성취자

막내는 보통 다른 형제자매에 비해 자유로운 성향을 보인다. 가족 중 가장 늦게 태어나 새로운 형제자매에게 부모의 애정을 빼앗길 염려 없이 부모의 애정을 독차지할 수 있다. 부모의 관심뿐 아니라 자신에게 기쁨과 즐거움을 제공해주는 손위 형제도 있다. 막내와 중간 아이 사이에 다툼이 있을 때 부모와 첫째가 끼어들어 막내의 편을 들어주는 경우가 많다. 이처럼 막내는 부모 외에도 다른 사람들로부터 돌봄과 서비스를 받는다.

막내는 타인의 관심을 이끌어내는 데도 탁월한 소질을 보인다. 일찍이 자신이 손위 형제자매에게 힘으로 맞설 수 없음을 깨닫고 응석이나 애교를 부리거나 상대의 마음에 들게끔 행동함으로써 자신의 안전뿐 아니라 이익도 챙긴다. 다른 형제자매를 관찰하면서 인간관계를 파악할 기회도 많아 대인관계 조종 능력도 좋다. 타인

의 마음에 들게 행동하고 상대에 따라 상황을 조종할 수 있는 능력
은 충돌을 피하면서 사회생활을 잘해나가는 데 매우 유용하다. 따
라서 외향적이며 느긋하게 삶의 즐거움을 추구한다. 막내는 살아
있는 한 평생 가족에게 귀엽고 매력적인 존재로 여겨진다.

막내는 서비스 정신도 뛰어나다. 부모나 손위 형제자매, 친척들
앞에서 춤도 추고 재롱을 부릴 기회가 많다. 이러다 보니 여러 사람
앞에 서는 게 별로 두렵지 않으며, 대부분의 막내는 관심받기를 즐
긴다. 막내 중에서 연예계에 진출한 사람이 많은 것도 이러한 어린
시절 경험과 무관하지는 않을 것이다.

대부분의 막내는 가족으로부터 소중한 보살핌을 받았기에 느긋
한 성격을 지닌다. 부모에게서 받은 안정적인 사랑은 박애 정신으로
이어져 막내 중에는 사회 봉사활동이나 평화에 헌신하는 경우가
많다. 대표적 인물로 테레사 수녀와 마하트마 간디가 있다. 또한 부
모의 사랑과 지지는 막내들을 위대한 성취자로 만들어주기도 한다.
열심히 자신의 목표를 위해 노력하며 끝내 이루어내는 것이다.

한편으로는 부모와 지나치게 친밀한 관계 때문에 부모-자녀 간의
분리와 독립이 늦어지기도 한다. 특히 늦둥이인 경우 부모는 자신
도 모르게 막내에게 의존하고 과잉보호하면서 자기 관리에 취약한
아이로 만들기도 한다. 이렇게 되면 쾌락적인 것에 탐닉하고 중독
에 빠지기 쉬운데 실제로 출생 순위상 막내의 알코올 중독 위험성
이 가장 높은 것으로 나타났다.

외동아이, 낙천적 이상주의자

외동아이는 결코 폐위되지 않는다는 점과 경쟁에 대한 압력이 덜한 점을 제외하면 대부분 첫째와 비슷한 특성을 보인다. 늘 가족의 중심에 서 있는 외동아이는 부모의 온전한 관심을 받는다. 하지만 형제자매의 몫까지 해내야 한다는 부담을 느끼기도 한다. 그 결과 나이에 비해 성숙하며 완벽주의자의 특성과 성실함, 강한 리더십을 보인다. 집 안에 또래의 형제자매가 없는 탓에 어른들과 잘 어울리고 협력적이며, 인지 능력도 우수하다. 하지만 또래 관계의 경험이 많지 않아 다른 아이들과의 친밀한 관계 형성이 서툴고 학교에 입학한 초기에는 적응에 어려움을 겪기도 한다.

외동아이는 부모로부터 늘 보호받는다는 안전감을 지니고 욕구도 비교적 잘 충족되기 때문에 억척스러운 구석 없이 느긋하고 낙천적인 성격을 보인다. 하지만 언제나 원하는 것을 얻을 수 있다고 당연하거나 제 맘대로 하려는 자기중심성이 높아질 수도 있다. 그럼에도 대부분의 외동아이는 성장하면서 사회생활을 통해 이러한 단점을 극복한다. 부모가 보기에는 물가에 내놓은 아이처럼 아슬아슬하지만 의외로 바깥 활동에서 긍정적인 평가를 받기도 하는데, 이는 공적인 자리에서는 나름 눈치껏 잘 조절하고 있는 뜻이다. 하지만 여전히 사적인 관계에서는 혹은 친해지고 나면 제멋대로 하는 모습을 보일 때가 많다.

외동아이는 부모의 애정과 지원 덕에 과도한 이상을 갖거나 마음만 먹으면 뭐든지 할 수 있을 것 같은 만능감을 갖기도 한다. 즉 자기 한계에 대한 인식이 명확하지 않다. 스스로 목표를 달성할 때도 많지만 이루어지지 않으면 현실에서 도피해 환상의 세계에 빠져들거나 현실 적응에 어려움을 겪기도 한다. 이럴 때는 오직 하나뿐인 자녀를 위해 애쓰고 응원하는 부모의 현실적인 조언과 관심이 있다면 역경을 극복해나갈 수 있다.

쌍둥이와 다둥이, 개인성과 유대감 사이

난임과 불임 가정이 증가하면서 시험관 아기와 같이 시술을 통해 자녀를 얻는 가정도 많다. 그 결과 요즘은 과거에 비해 쌍둥이 출산 비율이 높으며 세쌍둥이도 많다. 쌍둥이와 다둥이는 배 속에서부터 함께 성장하였으며 출생 후에도 일반적인 형제자매 관계와 달리 대부분의 시공간을 함께 공유한다. 따라서 보통의 형제자매와는 차원이 다른 유대관계를 자랑한다. 이들의 어린 시절은 서로를 경쟁 상대라기보다는 자신의 분신처럼 여기는 편이다.

이렇듯 밀접한 관계는 쌍둥이와 다둥이의 유대감을 더욱 돈독하게 만들어주기도 하지만 자칫하면 지나친 경쟁심을 유발하거나 의존적인 관계를 만들 수도 있다. 또한 개별적인 정체성을 획득하는데도 어려움을 준다. 쌍둥이와 다둥이가 각자의 정체성을 확립하면서 돈독한 유대감을 갖도록 하기 위해 부모들이 해주면 좋을 것들에 대해 알아보자.

● 지나치게 서열을 강조하지 말자.

일반적인 형제자매가 최소 1년이라는 터울을 지닌 것과 달리 쌍둥이와 다둥이는 길어봤자 몇 분의 간격을 두고 거의 동시에 태어난다. 이런 아이들에게 "넌 형이잖아!", "동생이 형에게 감히!"와 같은 표현은 적절하지 않다. 쌍둥이와 다둥이의 차이는 성장 과정에서 조금씩 두드러지기 시작한다. 시간이 지날수록 아이들의 관계나 역할이 변화하여 어느 한쪽이 주도권을 갖게 되는 것이다. 이렇게 되기 전에 부모가 태어난 순서에 따라 권력을 부여한다면 아이들의 성향에 따른 자연스러운 역할 분담이 이루어지기 어렵다. 특히 우리나라처럼 나이와 서열을 중시하는 곳에서 태어나면 순서에 따라 형, 누나, 언니, 오빠, 첫째, 둘째와 같은 호칭을 부여받는 것을 피할 수는 없다. 이때 주의할 것은 부모가 이를 힘과 권력의 순위, 상하 관계로 인식하면 안 된다는 사실이다. 편의상 형과 아우로 부르더라도 동등하게 대하도록 노력해야 한다. 가정에서는 되도록 형, 아우라는 호칭보다 아이들의 이름을 부르는 게 좋다. 쌍둥이는 따로 자랄 경우 놀라울 정도로 비슷한 성향을 보이지만, 함께 성장하면 대조적인 성향을 보이는 경우가 많다. 이 역시 부모가 아이들에게 역할을 분담한 까닭이다. 아이들이 자연스러운 성향을 드러낼 수 있도록 부모가 태어난 순서의 권력을 부여하지 않도록 보살펴야 한다.

● 발육 상태가 다를 수 있음을 받아들이자.

일란성 쌍둥이라도 발육 상태가 다를 수 있다. 쌍둥이와 다둥이는 부모를 비롯한 주변 사람들로부터 각각의 주체가 아닌 한 세트로 여겨져 쉽게 비교 대상이 된다. 특히 서로를 신체 발육이나 지적 능력에 대한 비교 대상으로 삼는다. "쟤가 얘보다 키가 더 크네!", "누구 운동신경이 더 좋아?", "얘는 벌써 말을 잘하는데, 쟤는 왜 못하지?"라는 말을 아이들 앞에서도 쉽게 한다. 형제자매의 갈등과 시샘의 상당수는 형제간 비교에서 비롯된다는 것을 잊지 말자. 아이들의 발달은 개인차가 크다. 이에 대한 섣부른 비교는 문제아로 만들 수도 있다.

● 비교하지 말자.

쌍둥이와 다둥이는 발육 상태뿐 아니라 아이들의 성향이나 특성 등 거의 모든 것이 비교 대상이다. 발달이 우세한 아이를 기준점으로 세워놓고 이에 미치지 못하는 아이에게 부담을 주는 과잉 염려를 하는 경우가 많다. 부모의 입장에서 부족하다고 여겨지는 아이는 어느새 부모의 관점을 그대로 받아들여 다른 형제자매에 대한 열등감과 시샘, 분노를 갖게 된다. 부모는 아이들이 각기 다른 개성을 지닌 존재인 것을 받아들이도록 애써야 한다.

● 상대적으로 순한 아기에게 관심을 보내라.

동시에 두세 명의 아기를 키우다 보면 부모는 손이 많이 가는 아이에게 더 많은 관심을 줄 수밖에 없다. 활동량이 많거나, 몸이 약하거나 까탈스러운 아이에게 더 많은 시선이 가고 상호작용을 하게 된다. 이때 부모는 상대적으로 유순해 손을 많이 타지 않는 아이가 더 예쁘고 고마움을 느낀다. 하지만 실제 상호작용은 기질적으로 활달하거나 까다로운 아이와 더 많이 이루어진다. 이렇게 되면 순한 아이는 정서적으로 방치될 가능성이 높다. 갈등이 생겼을 때도 까다로운 아이보다 무던한 아이에게 양보를 요구하고 참으라고 할 때가 많다. 성격이 순하다고 해서 욕구가 없는 것은 아니다. 그러므로 이러한 상황이 계속 지속되면 아이의 정서적 욕구 불만이 쌓이고 끝내 그것이 흘러넘치면 형제간의 극심한 갈등이 발생할 수 있다.

● 서로에게 지나치게 의존하게 만들지 않는다.

부모는 아이들이 배 속부터 같이 지냈다는 사실에 지나치게 특별한 의미를 부여한다. 인생의 영원한 동반자이며 모든 것들을 함께 나누고 도와주는 존재로 인식하는 것이다. "너희는 쌍둥이야!", "너희는 서로 보이지 않는 끈으로 연결되어 있어. 그래서 한 명이 아프면 다른 한 명도 아픔을 느낀다더라!"는 식의 이야기를 하면서 서로에 대한 심리적 의존감을 자극할 때도 많다. 마치 떨어지면 큰일이라도 날 것처럼 문화센터부터 어린이집, 유치원, 학교, 심지어 군대까지 함께 붙어 다니도록 한다. 이럴 경우 아이는 자신의 반쪽인 쌍둥이 형제가 없으면 아무것도 하지 못하게 된다. 특별한 사유가 없다면 아이의 사회생활이 시작될 때 서로 분리된 공간에서 각자의 인간관계를 형성할 수 있는 환경을 만들어주는 것이 좋다. 그래야 쌍둥이가 아닌 독립적 주체로서 생활할 수 있는 기반을 다져나가게 된다.

● 다른 아이들과 놀 기회를 제공하라.

쌍둥이는 서로를 특별한 놀이 상대로 여기고 함께 활동한다. 형제자매가 함께 노는 것은 교감을 쌓고 가장 기초적인 사회성을 다지는 좋은 현상이다. 그렇지만 쌍둥이나 다둥이끼리만의 놀이는 일정 시간이 지나면 오히려 사회성 발달을 제한시킬 수 있다. 아이들이 체감해보지 못한 다른 성향을 가진 아이들과도 놀이할 수 있는 다양한 기회를 제공해야 한다. 이때 쌍둥이 형제자매와 분리됨으로써 독립성을 배울 수 있고 새로운 인간관계를 맺고 스스로 의사소통을 주도할 수 있는 사회성을 기를 수 있다.

● 개성을 존중하라.

쌍둥이라고 해서 똑같은 옷과 머리 장식으로 꾸미고, 똑같은 과외나 취미 활동을 시키는 것은 피해야 한다. 한 아이는 피아노를 배우고 싶고, 다른 아이는 축구를 하고 싶다면 부모는 아이들 각각의 생각과 성향을 존중해야 한다. 형제자매가 해결해야 할 가장 큰 발달 과제는 바로 '개별성의 확립'이다. 즉 각자의 개성을 지닌 이 세상에서 유일한 존재임을 느끼는 것이다. 쌍둥이, 특히 일란성 쌍둥이는 이러한 개별성을 존중하는 데 어려움이 더 많을 수밖에 없다. 아이들이 각자의 취향을 나타내기 시작하면 부모는 똑같이 꾸며주고 싶은 욕구를 참고 아이들의 개성을 존중하도록 애써야 한다.

● 힘들더라도 함께 키우자.

동시에 두세 명의 아기를 돌보는 것은 어렵다. 쌍둥이와 다둥이를 키우는 부모는 어린이집이나 유치원을 보낼 수 있을 정도로 클 때까지 한 아이를 외가나 친가에 보내 키우면 어떨까 하는 유혹에 빠진다. 아이들이 충분한 돌봄과 사랑받을 수 있으리라는 것이 부모의 생각이겠지만 현실은 완전히 다르다. 부모의 양육을 선택받지 못한 아이는 우울감과 분노, 부정적인 자아상을 갖게 된다. 마치 '내가 나쁜 아이라서 부모가 날 키우지 않았구나'와 같은 생각을 하는 것이다. 무엇보다 가장 큰 문제는 그동안 애착을 형성했던 대상과 결별하는 아픔과 상실감을 겪는 것이다. 할머니를 믿고 따랐는데, 시간이 지나 할머니와 떨어져 낯선 엄마와 살게 되었을 때 아이들은 이별의 아픔과 새로운 삶에 대한 두려움을 겪는다. 부모에게 양육되었던 아이도 당황스럽기는 마찬가지다. 지금껏 부모의 관심을 독차지하고 살았는데 어느 날 갑자기 다른 아이가 나타난 것이다. 비록 주말마다 만났다 하더라도 함께 사는 것과는 다른 일이다. 직업적인 특성이나 개인적인 사정으로 어쩔 수 없이 한 아이와 떨어져 지내야 하는 경우도 있겠지만 쌍둥이나 다둥이는 될 수 있는 한 부모가 직접 양육하는 게 가장 좋다. 어린이집이나 육아 도우미 서비스를 이용하거나, 조부모가 규칙적으로 방문해 도움을 얻을 방법을 찾아보자.

● 다른 형제자매도 배려하자.

둘째를 계획했는데 쌍둥이를 낳아 졸지에 삼 남매를 두게 된 가정도 있다. 이런 경우 쌍둥이뿐 아니라 다른 형제자매 관계도 배려해야 한다. 첫째의 입장에서는 갑자기 아기 동생이 둘이나 태어났으니 여간 부담스럽지 않다. 게다가 쌍둥이는 손이 워낙 많이 가기에 첫째가 느끼는 박탈감과 시샘은 이로 말할 수 없을 만큼 크다. 어느새 첫째는 모두의 관심에서 벗어난 찬밥 신세가 될 수 있다. 그리고 시간이 지날수록 쌍둥이는 서로의 관심사나 경험을 공유하면서 공동체와 같은 관계를 만든다. 이때 첫째는 자신에게는 쌍둥이처럼 특별한 관계가 없고, 어느새 관심에서 멀어져 있다는 생각에 소외감과 질투심을 느낀다. 부모는 아이들 모두가 골고루 관심받을 수 있도록 조정해주는 역할을 해야 한다.

● 모든 아이와 각각 놀아준다.

아이와 함께 노는 것은 가족 유대감을 형성하는 데 매우 좋은 활동이다. 특히 아이가 여럿인 경우 개별적으로 특별한 놀이 시간을 갖는 것이 중요하다. 이 과정에서 아이는 부모로부터 관심과 사랑을 독점한다는 정서적 충족을 경험한다. 이는 아이의 자존감을 키우고 부모-자녀 관계를 탄탄하게 만들어준다. 부모로부터 사랑받는다고 느끼는 아이는 정서적으로 안정되고 관대해져서 시샘이나 질투, 경쟁심과 같은 부정적 감정과 사고에서 벗어나게 된다. 하지만 아이들이 많으면 부모가 시간을 할애해 놀아주는 것이 쉽지만은 않다. 그래도 짧게는 15분 정도, 적어도 주 2~3회는 각각의 아이들과의 놀이 시간을 갖도록 애쓰자. 이러한 시간을 통해 부모는 늘 공동체로 생각해왔던 쌍둥이와 다둥이가 각기 다른 개성과 욕구를 지닌 아이라는 것을 체감하게 될 것이며, 아이들이 개별적 정체성을 형성하도록 도울 수 있다.

2 —— 동생이 생겼어요!

첫째 아이 마음 아프지 않게

1. 동생이 생기는 순간

  '아우타기'라는 말이 있다. 동생이 생겼다는 사실을 인지한 아이가 부모의 관심과 사랑에서 멀어질 것을 걱정해 퇴행 행동을 하거나 우울증이나 유별난 모습을 보이는 것을 일컫는다. 아우타기를 심하게 했다는 아이의 부모가 들려주는 경험담은 꽤 놀랍다. 예를 들어 어느 날 갑자기 아이가 안아달라고 징징대며 엄마와 떨어지지 않으려 하고 끊었던 젖을 찾는 행동을 하길래 이상하다고 느꼈는데 얼마 뒤 임신 사실을 알게 되었다는 것이다. 엄마 자신도 아직 몸의 변화를 느끼지 못했는데 아이가 먼저 알아차린 셈이다. 좀 더 심하게 아우타기를 하는 아이들은 엄마에게 아기가 생겼다는 소식을 듣는 순간부터 풀이 죽고 말수가 적어지거나, 자주 병치레를 할 정도다.
  새로운 아이가 가정에 찾아오는 것은 부모에게 더할 나위 없는 기쁨이다. 하지만 첫째 아이는 부모처럼 기쁜 마음으로 동생을 맞이할 수 있는 상황이 아니다. 이미 첫째를 낳고 키운 경험이 있는 부모는 차근차근 둘째를 맞이할 준비를 하지만 그동안 가족의 사랑을 독차지한 첫째에게 동생의 출현은 갑작스럽고 당황스러운 사건이다.

"첫째는 폐위된 제왕이다!"

"아기를 데려오며 '동생과 잘 지내라'고 말하는 것은 남편이 둘째 부인(더 예쁘고 젊으며, 버릇없는)을 첫째 부인에게 소개해주며 '잘 대해주라'고 요구하는 것과 똑같다."

"엄마가 아기를 품에 안고 들어오는 모습을 첫째 아이에게 보여주는 것은 너무나 큰 충격이다."

이는 모두 동생이 생긴 첫째 아이의 심정을 대변하는 말이다. 동시에 둘째를 낳고 싶은 부모들에게 커다란 심리적 부담을 안겨주는 말이기도 하다. '첫째가 스트레스를 받으면 어떡하지?', '매일 형제자매끼리 싸우면 어떡하지?', '내 욕심 때문에 첫째에게 못 할 짓을 하는 건 아닐까?'라는 고민에 빠질 수도 있다. 하지만 너무 걱정하지 말자. 모든 대인관계와 사회적 상황에서 갈등은 일어나게 마련이다. 그리고 대부분의 갈등은 해결이 가능하다. 아무것도 하지 않으면서 아직 일어나지 않은 일들에 대해 지나치게 걱정할 필요는 없다. 형제간의 경쟁과 갈등이 두려워 둘째를 낳지 않은 부모는 분명 또 다른 걱정을 할 것이다. '외동아이라서 외롭지는 않을까?', '우리가 죽으면 이 아이는 이 세상에 혼자 남을 텐데', '외동아이라서 사회성이 부족한 건 아닐까?'와 같은 걱정 말이다.

아이를 사랑하고 키우는 것에 보람을 느끼며 책임감을 갖춘 부모라면 동생을 낳는 것을 두려워할 필요가 없다. 물론 어린아이들은 동생이 생긴 후 갑자기 몰아닥친 일련의 변화에 당황할 수도 있겠지만 이 또한 두려워하지 말자. 동생이 생김으로써 발생할 수 있는 문제들을 부모가 먼저 파악하고 적응할 수 있는 방법만 알면 된다. 엄마의 임신 기간부터 동생이 걸어 다니는 걸음마기까지가 부모에게도, 형제자매에게도 가장 힘든 기간으로 알려져 있다. 이제 이 기간에 발생할 수 있는 문제들에 대해 살펴보고 동생의 등장에 상실감을 느낄 첫째 아이를 어떻게 보듬고 키워야 할지 알아보자. 당신이 첫째 아이에 관해 많이 알수록, 많이 고민할수록, 많이 공부할수록 그 아이는 동생과 함께 성장하는 올바르고 기특한 형이자 오빠, 또는 누나이자 언니가 될 것이다.

언제, 어떻게 임신 사실을 말할까?

● 동생 출생 받아들이기

첫째 아이에게 동생이 생기는 시기에는 무엇보다 부모의 배려가 중요하다. 앞으로 달라질 환경에 적응하고 안정될 때까지 기다려주어야 한다. 그렇다면 아이에게 동생이 생긴다는 사실을 언제, 어떻게 말해야 할까? 알다시피 임신 초기는 매우 불안정한 시기다. 의도치 않게 태아가 유산되는 일도 종종 일어나 아기를 기다렸던 모든 이들에게 깊은 상처를 남기기도 한다. 어린아이 또한 '죽음'에 대한 막연한 공포를 느낀다. 따라서 임신 초기에 아이에게 동생이 생긴다는 사실을 말할 필요는 없다. 엄마의 배가 불러오기 시작하는 안정기에 임신 사실을 아이에게 알려도 늦지 않다. 이때 아이에게 동생이 생겼다는 사실을 부모가 아닌 다른 사람의 입을 통해 전해 듣도록 해서는 안 된다. 부모가 직접 아이에게 새로운 가족에 관한 소식을 차분하게 설명해야 한다.

입덧이 심하거나 초기 유산 가능성으로 활동을 자제하고 누워 있어야 하는 임산부의 경우, 아이에게 엄마의 몸이 좋지 않은 이유를 설명하면서 임신 사실을 알리기도 한다. 하지만 이 역시 좋은 방법이 아니다. 아이가 동생을 인식하는 첫인상이 '아기가 엄마를 아프게 해!'라는 적개심이나 원망으로 굳어질 수 있기 때문이다. 아이에게 엄마가 불편한 것이 동생 때문이라는 인식을 심어주기보다 "엄마가 속이 안 좋아서 자꾸 토가 나와!", "엄마가 허리가 아파서 의사 선생님이 누워 있으래!" 정도의 선한 거짓말로 상황을 정리하자.

아이에게 임신 사실을 알리기 한 달 전부터는 동생에 관한 책을 함께 읽거나 이야기를 나누는 게 좋다. "민준아, 네 친구 현중이도 이 책에 나오는 것처럼 아기 동생이 있네! 너도 동생이 있었으면 하니?" 하고 슬며시 질문을 던지는 것이다. 그리고 아이의 대답에 맞춰 적절히 반응하며 동생이 생긴다는 사실에 대해 좀 더 깊이 있는 대화를 나눈다.

　가령 아이가 "응, 엄마. 현중이가 그러는데 아기가 매일매일 운대! 으앙, 으앙! 낮에도 밤에도 울어서 너무 시끄럽대!"라고 대답하면 어떻게 할까? 엄마는 아이의 말을 받아주며 "그렇구나. 그래, 맞아. 아기들은 정말 많이 울지. 현중이 동생도 그렇고, 이 책에 나오는 아기 동생도 정말 많이 우는구나. 민준아, 너도 아기였을 때 많이 울었단다. 원래 아기들은 많이 울어. 왜냐하면 아기들은 아직 말을 할 수 없으니까. 심심해도, 배가 고파도, 몸이 아파도 불편해도 우는 거야. 아기들이 울 때 안아서 부드럽게 흔들어주면 기분이 나아져서 울음을 그친단다. 그리고 아기들이 점점 자라서 말을 할 줄 알게 되면 아기들은 덜 울게 돼!"라고 말해줄 수 있다.

　어떤 아이는 동생은 장난감을 빼앗고 부숴서 싫다고 말하기도 한다. 이럴 때 부모는 다음과 같이 말해줄 수 있다. "현중이 동생이 현중이가 만들어놓은 블록을 망가뜨렸구나. 아기들이 기어 다니고 걸어 다니기 시작하면 형이 만들어놓은 장난감을 엉망진창으로 만들지? 아기가 형과 함께 블록을 만들면서 같이 놀려면 조금 시간이 필요해. 아기가 같이 놀 수 있을 정도로 크게 되면 형과 함께 세상에서 제일 높은 블록탑을 만들 수도 있을 걸! 만일 네게 동생이 생기면 그때는 엄마가 동생이 네 장난감을 망가트리지 않도록 도와줄게. 걱정하지마!" 이런 대화를 통해 첫째에게 동생이 생겼을 때를 상상할 기회를 제공하면서 동생을 불편하고 성가신 존재로만 느끼지 않도록 도와줄 수 있다.

또한 아이가 스트레스받을 것이 없는 환경에 놓였을 때 이야기하는 것이 좋다. 가령 어린이집에 다니기 시작해 낯선 환경에 노출되었거나 감기를 앓아 몸 상태가 좋지 않을 때, 또는 간밤에 잠을 설쳐 충분한 수면을 취하지 못했을 때처럼 아이의 심신이 불안한 상황에서 동생이 태어난다는 이야기를 듣는 것은 스트레스로 여겨질 가능성이 크다. 아이를 자극하는 것이 없는 편안하고 조용한 상황에서 부모가 함께 아이를 안심시키며 동생의 존재를 인식시켜줄 필요가 있다.

드디어 임신 사실을 알릴 만한 준비가 되었다면 부모가 아닌 아이의 입장에서 말해주는 세심한 배려가 필요하다. "우리 집에 아기가 태어날 거야", "엄마가 아기를 가졌어"라는 말보다 "이제 너는 누나가 될 거야. 엄마 배 속에 네 동생이 자라고 있단다. 겨울이 되어 눈이 내릴 때쯤 아기가 태어날 거야!"라고 말해준다.

놀라운 사실을 알게 된 아이는 궁금한 것들을 물어보기 시작할 것이다. 부모는 아이의 궁금증에 답해주지만 시시콜콜한 부분까지 상세하게 답변해줄 필요는 없다. 아이들은 부모가 말해주는 많은 이야기를 모두 이해하지 못한다. 그저 아이가 이해할 수 있는 수준에서 간단히 대답해주는 것이 좋다. 뿐만 아니라 부모와 아이의 대화가 아직 태어나지 않은 '아기'에 집중된 것은 올바르지 않다.

많은 아이들이 동생이 생긴다는 소식을 듣고 나면 아기가 들어있는 엄마의 배를 가장 많이 궁금해한다. "어디에 내 동생이 들어있어요? 보고 싶어요!"라며 동생의 존재를 확인하고 싶어 한다. 그때는 배를 보여주며 "여기에 아기집이 있어. 자궁이라고 부르는 곳인데, 지금 그곳에 동생이 있단다. 동생이 자라면 이 아기집도 점점 커져. 지금도 좀 커졌어. 이것 봐, 엄마 배꼽이 커졌지? 아기가 우리를 만날 준비를 하면서 조금씩 커져서 그렇단다"라고 말해주자.

아이들은 처음에는 동생이 생겼다는 사실에 흥미를 보이며 이것저것 물어보기도 하지만 지금 당장 만지고 볼 수 없는 동생에 대한 관심은 금세 줄어든다. 이는 지극히 당연한 반응이므로 첫째가 동생에게 별 관심이 없다고 실망하거나 손위 형제가 될 자질이 없는 것은 아닌지 걱정할 필요는 없다. 아직 어린 아이들은 확실히 눈에 보이는 것을 명확히 이해하기 어렵다. 또한 지금 이 순간 경험하고 배우고 놀며 느끼는 것이 가장 중요하다. 부모는 아이가 아직 태어나지 않은 동생에게 집중하기보다 현재의 삶과 사건에 참여할 수 있도록 격려해야 한다. 그러면서 아이가 아침에 일어나 엄마, 아빠에게 인사할 때 배 속에 있는 동생에게도 아침 인사를 하도록 부탁하거나, 아이가 엄마의 부풀어오는 배에 주목할 때 "아기가 벌써 이만큼 자랐네. 우리 오빠도 이만큼 더 컸는데. 이제 동생을 만날 시간이 얼마 남지 않았나 봐!"라며 동생이 생긴다는 사실을 상기시켜주는 정도면 충분하다.

종종 동생이 생겼다는 사실을 좋아하지 않는 아이도 있다. 이제 엄마 아빠가 아기만 예뻐할지도 모른다는 염려를 드러내는 것이다. 이때 부모가 아이의 말에 속상해하거나 부정적인 반응을 보여서는 안 된다. 아이를 꼭 끌어안고 아이의 마음을 받아들여주면서 안심시킨다.

"지수야, 아기 동생이 생기게 되면 엄마 아빠가 지수를 사랑하지 않을까 봐 걱정이 되나 보구나. 그래, 그런 걱정이 들 수 있을 거야. 어린 아기들은 혼자서 할 수 없는 게 없어서 어른들이 많이 돌봐줘야 하니까. 하지만 걱정하지 마. 엄마 아빠는 동생이 태어나도 너를 여전히 사랑하고 돌봐줄 거야. 지수야, 너는 엄마 아빠에게 하나밖에 없는 소중한 사람이야. 이 세상에 너와 똑같은 사람은 없어. 그건 아기가 태어나도 마찬가지란다. 엄마 아빠가 지수를 사랑하는 마음은 변하지 않아. 그래도 만일 지수가 걱정이 된다면 그때마다 엄마 아빠에게 말해줘. 그럼 우리는 이 일에 대해서 더 많이 이야기를 나눌 수 있을 거야!"

동생이 태어나도 첫째 아이를 사랑하는 마음은 변하지 않을 것이라는 사실을 계속해서 상기시켜주는 것이다. 또한 아이가 동생의 탄생에 부정적인 반응을 보이거나 관심이 없을 때 동생에 관해 지나치게 많은 정보를 알려줄 필요는 없다. 첫째 아이가 원하는 정도에 맞춰 조금씩 추가적인 정보를 제공해야 아이 스스로 동생을 받아들일 준비를 할 수 있다.

● 배 속 동생과 친해지기

심리학자들은 부모가 첫째에게 태아의 행동과 감정에 대해 말해주는 것이 동생에 대한 공감 능력을 높여주고 공격성을 줄여주는 효과가 있다고 말한다. "지금 아기가 뭐 하고 있을까?", "아기가 손을 빨고 있나? 딸꾹질을 하나? 발차기를 하고 있는 것 같은데? 누나가 불러주는 노래를 좋아하나 봐!"와 같은 말을 첫째에게 들려주며 배 속 아기의 행동이나 감정을 함께 궁금해하고 추리하는 것이다. 이런 과정은 아직 태어나지 않은 동생이지만 연결되어 있다는 감정을 불러일으킨다.

볼록 나온 배나 태동을 첫째 아이가 느껴보게 하거나 아기에게 굿나잇 키스를 할 수 있게 해주는 것도 공감을 형성에 도움이 된다. "동생이 꼬물꼬물 움직이네. 언니가 만져주니까 기분이 좋은가 봐. 동생도 언니가 빨리 보고 싶대!"라고 말해주며 가능한 한 자주 아이가 배 속의 아기와 놀 기회를 마련해주자. 동생에 대한 호감 지수가 올라가고 어서 동생을 만나고 싶다는 기대감이 형성될 것이다.

아이가 엄마의 불룩한 배를 만지며 아기에게 관심을 보일 때 신경 써야 할 것은 따뜻한 시선으로 첫째 아이를 바라보고 동생에게 보여준 애정에 진심으로 고마움을 표현하는 것이다.

"엄마와 아빠는 네가 배 속에 있을 때도 이렇게 매일 말을 걸고, 네가 움직일 때마다 신기하고 기뻤어. 오랜 시간을 기다려서 우리 민아를 만난 거야. 네가 태어나줘서 얼마나 고맙고 행복한지 몰라."

이런 말로 첫째 아이도 배 속에 있을 때 듬뿍 사랑받았으며 지금은 그때보다 더욱 소중한 존재라는 사실을 계속 확인시켜주는 것이다. 이럴 때 아이는 충만한 사랑을 느끼며 그것을 배 속의 동생에게 그대로 전달한다. 태아는 엄마의 감정을 그대로 느끼므로 엄마가 첫째 아이에게 따뜻한 마음을 느꼈다면 배 속의 아기도 형이나 누나에게 호감을 갖게 된다.

태아와 첫째 아이가 연결감과 유대감을 갖게 해주는 또 다른 방법은 아이로 하여금 동생에게 자신을 소개하는 말을 하거나 자신이 아끼는 장난감을 소개해주는 것이다. 또한 엄마가 아이와 함께 배 속의 아기에게 첫째 아이에 대해 다음처럼 말해줄 수도 있다.

"아가야, 조금 전에 네 발을 만졌던 사람이 누군지 아니? 바로 네 형, 준수야. 아가야, 넌 참 복이 많은 아이네. 준수 형은 정말 멋지거든. 준수 형은 노래를 재미있게 부를 수 있고, 춤도 신나게 출 수 있단다. 그리고 팽이도 정말 잘해! 이제 형을 만날 날이 얼마 남지 않았구나. 준수 형도 널 만날 시간을 기다리고 있단다."

첫째 아이와 함께 출산용품을 준비하는 것도 동생을 맞이하는 데 도움이 된다. 태어날 아기가 가지고 놀 장난감이나 옷, 젖병 등을 함께 고르거나 첫째 아이가 그린 그림 등을 아기를 위한 요람 위에 붙여 꾸미는 것이다. 새 식구를 맞이하기 전의 어수선한 집안 분위기와 새로 들인 물건으로 아이가 혼란스러워하지 않도록 모든 과정에 아이를 참여시켜 조금씩, 천천히 동생이 곧 태어난다는 사실을 자연스럽게 받아들이도록 해준다.

"동생 옷이 참 작지? 준수도 아기였을 때 이렇게 작은 옷을 입고 이런 젖병으로 우유도 먹었어. 그때는 준수가 너무 작아서 엄마가 얼마나 조심조심 보살폈는지 몰라."

갓난아기의 특징과 함께 첫째 아이도 그런 시절이 있었다는 사실을 설명해주는 방식으로 동생이 약한 존재이며 잘 보살펴주어야 한다는 사실을 깨닫게 한다.

엄마의 산부인과 정기검진에 아이를 함께 데려가는 것도 좋다. 동생의 심장박동 소리를 듣게 되었을 때 비로소 아이는 동생이 실체가 있는 존재임을 실감하게 된다. "어때? 동생이 너와 닮은 것 같아?", "저거 봐, 동생이 우리 아름이를 닮아서 참 예쁘게 생겼다", "집에서 본 아름이 아기 때 사진이랑 똑같지?"라며 동생의 존재를 확인시키는 동시에 동생이 자신과 비슷한 과정을 겪고 태어난다는 사실에 동질감을 느끼도록 한다.

동생을 부르는 이름을 만드는 것도 도움이 된다. 이름은 사람에게 특별한 의미를 지닌다. "강아지야!"라고 부르는 것과 "해피야!"라고 부르는 것은 완전히 다르다. '아기'라는 고유명사와 '축복이'라는 태명이 가진 의미도 다르다. '내가 그의 이름을 불러주기 전에는 그는 다만 하나의 몸짓에 지나지 않았다'라는 시구처럼 태아가 이름을 갖는 순간 부모와 형제자매 모두에게 특별한 존재가 된다. 그러므로 첫째 아이가 임신 사실을 알게 되었다면 가능한 빨리 태아의 별칭을 지어주자. 만일 아이와 함께 별칭을 짓는다면 배 속 동생에 대해 더욱 특별한 감정을 느끼게 될 것이다.

2. 첫째 아이를 위해
   출산 전에 해야 할 것들

가사와 양육의 분담

엄마가 가사와 양육을 전적으로 담당할 때 동생의 탄생은 비단 형제자매 관계뿐 아니라 가족 전체의 갈등으로 발전될 수 있다. 집 안일에 익숙하지 않은 아빠는 세탁기를 돌릴 때조차 엄마에게 묻고, 아빠가 이유식을 먹여주는 방식이 싫은 아이는 계속 엄마에게 매달린다. 출산 후 몸조리가 필요한 엄마는 누워 있어도 마음이 편치 않다. 일 처리가 서툰 남편이 야속하고, 엄마만 찾는 첫째에게 짜증이 난다. 하지만 "엄마가 해 줘! 아빠 미워!"라고 외치는 첫째를 보며 왠지 모를 죄책감도 든다. 그 사이에서 아빠도 스트레스를 받는다. 열심히 하는데도 첫째는 엄마만 찾고 아내도 영 마땅찮은 눈치다. 아빠는 무능감에 빠지고, 첫째 아이에게 거부당했다는 생각에 외로움을 느낀다.

둘째 아이의 탄생은 커다란 축복이지만 한편으로는 지금껏 안정적으로 유지해온 가정의 틀이 통째로 흔들리는 커다란 사건이기도 하다. 이제 가정은 새로운 적응 패턴을 발달시켜야 한다. 어린아이가 둘이나 있는 가정에서 부부가 출산 전 논의해야 할 가장 핵심적인 문제는 '가사'와 '양육'이다. 가정에서 엄마가 가사와 양육을 전적으로 담당한다면 둘째의 출산은 가정의 핵심이 흔들리는 것을 의미한다. 이러한 위험을 막기 위해 출산 전 엄마와 아빠는 가사와 양육을 효율적으로 분담하고 새로운 변화에 익숙해져야 한다. 둘째가 태어나면서 첫째에게 생기는 여러 문제는 사실 동생이라는 낯선 존재 때문이 아니다. 그보다는 가족 구성원이 늘면서 발생한 변화에 가족이 잘 적응하지 못한 결과라고 보는 것이 정확하다. 그 변화를 최대한 줄이기 위해 가정 내 부모의 역할을 철저하게 분담할 필요가 있다.

보조 양육자와 유대감 쌓기

많은 가정의 주 양육자는 '엄마'다. 그런데 엄마가 아기를 낳게 되면 첫째와 함께할 수 있는 시간이 줄어들 수밖에 없다. 엄마가 나름 신경을 쓴다고는 하지만 아이 입장에서는 동생에게 엄마를 빼앗긴 상대적 박탈감이 크다. 이를 메우기 위해 보조 양육자(아빠, 할머니, 할아버지 등)와 첫째 아이의 관계를 강화시키기 위한 노력이 적극적으로 이루어져야 한다. 주 양육자는 아이가 보조 양육자와의 관계에서 즐거움과 안전감을 느낄 수 있는 경험을 제공한다.

아마 둘째가 태어날 가정의 보조 양육자는 대부분 아빠가 될 것이다. 아빠는 아이를 번쩍 들어 올리고 씨름을 하는 등 재미있는 놀이 파트너의 역할은 제법 잘하지만 아이들이 울거나 징징대며 감정을 표현하면 어찌할 바를 모른다. 주 양육자로서 아이의 정서를 다루는 방법을 잘 알고 있는 엄마는 아빠에게 아이의 감정을 읽고 위안을 제공하는 방법을 시범하며 코치해준다. 더불어 아빠가 아이를 돌보는 시간을 점차 늘리는 것이 좋다. 그래야 아이가 자신의 양육에 아빠가 큰 역할을 차지한다는 사실을 받아들이고 아빠의 양육 방식에 적응하기 시작한다.

'모성'에 대한 신화는 여성이 아이를 키우는 데 있어 월등히 유능한 능력을 지닌 것처럼 포장되어 왔다. 하지만 아기의 기저귀를 갈거나 이유식을 만드는 방법을 저절로 알고 태어나는 여성은 없다. 미혼 여성과 미혼 남성에게 아이의 양육을 맡기면 두 집단 모두 별 차이가 없다. 하지만 엄마와 아빠의 양육 실력은 확실히 다르다. 엄마가 월등히 능숙하게 아이를 다루고 키운다. 이는 원래부터 잘하는 게 아니라 육아라는 책임, 즉 할 수밖에 없어 노력 끝에 잘하게 된 것이다. 그럼에도 아빠들은 본디 자신의 양육 실력이 부족하다고 변명하며 "역시 아기는 엄마가 돌봐야 한다"고 말한다. 이러한 아빠의 생각에 일조하는 엄마의 행동도 있다. 아빠가 아기의 기저귀를 채우면 "아니, 그렇게 하는 게 아니지!"라며 엄마가 다시 하는 것이다. 엄마도 처음부터 잘한 게 아니듯 아빠가 육아에 익숙해질 시간을 주고 기다려야 한다.

육아 예능 프로그램인 〈슈퍼맨이 돌아왔다〉를 보면 아이와 어쩔 수 없이 하룻밤을 보내야 하는 아빠들이 점차 육아에 능숙해지는 것을 볼 수 있다. 그들처럼 1박 2일을 보내지는 못해도 몇 시간만이라도 아빠와 첫째 아이가 단둘이 지낼 기회를 만들어주자. 집에서 두 사람이 밥을 먹어도 좋고, 외출을 해도 좋다. 오롯이 두 사람만이 함께하는 시간 동안 아빠는 아이에 대해 조금 더 알게 되고, 아이는 아빠에게 정서적으로 의지하게 될 것이다. 그렇게 두 사람 사이의 유대감이 강화된다. 아빠와 아이의 유대감은 동생이 생기면서 첫째가 느낄 상실감과 박탈감을 치유하는 데 큰 도움이 된다. 더불어 자신을 돌보는 양육자가 오직 엄마 한 사람이 아니라 아빠(또는 할머니나 할아버지)라는 보조 양육자가 존재한다는 것을 인식한 아이는 안정감을 느낀다.

안정적인 수면 습관 만들기

아기가 태어나면 가족의 잠자리 습관이나 리듬이 깨질 가능성이 높다. 어른에게 수면은 곧 휴식이지만 아이들에게 수면이 갖는 의미는 좀 다르다. 애착 대상과 단절되는 두려운 시간이 되기도 한다.

낮에는 혼자서도 잘 놀던 아이가 밤만 되면 엄마를 찾거나 엄마의 몸을 만지지 않으면 잠들지 못하는 경우가 꽤 많다. 원인은 다양하다. 상상력이 풍부하고 두려움과 공포심이 많아 혼자 잠들지 못하는 아이가 있는가 하면, 어둠이나 분리에 대한 불안감 때문에 엄마 없이는 잠들지 못하는 아이도 있다.

그런데 둘째가 태어나면 엄마의 품은 아기의 차지가 되기 쉽다. 자주 깨는 어린 아기를 먹이고 달래느라 지친 엄마는 첫째까지 잠 투정을 하며 달려들면 자신도 모르게 밀쳐내기도 한다. 졸음을 참고 첫째를 보듬어 주기도 하지만 두 아이를 돌보느라 제대로 자지 못한 엄마는 하루 종일 피곤함에 허덕이고 신경은 날카로워진다. 이렇게 되면 아이와 엄마와의 애착 관계가 불안정하게 변한다.

따라서 엄마와 아이 모두가 힘든 상황을 막기 위해서는 첫째가 보다 편안하게 잠자리에 드는 수면 습관을 만드는 게 중요하다. 이를 위해 둘째가 태어나기 전부터 첫째의 '잠자리 의식'을 만들고 일관성 있게 행할 필요가 있다. 잠자리 의식이란 아이가 잠자리에 들 시간이 될 즈음부터 잠들기 전까지 이루어지는 일련의 규칙적인 활동을 말한다. 목욕하기, 책 읽기, 자장가 들려주기 등이 가장 전형적인 잠자리 의식이다. 놀다가 지쳐서 잠이 드는 게 아니라, 잠자리에 들기 2시간 전부터 점진적으로 정적인 활동과 수면을 유도하는 환경을 일관성 있게 만들어주는 것이다. 기본적으로 조용한 환경과 어두운 조명이 좋다. 또한 아이가 스스로 잠들 수 있도록 졸려할 때는 바닥에 내려놓고 장난감 등 아이가 놀이에 빠질 만한 것은 시야에 들어오지 않게 한다. 이러한 습관에 익숙해진 아이는 보다 쉽게, 규칙적으로 잠든다.

잠자리 의식은 주 양육자인 엄마와 함께하는 경우가 대부분이지만 출산을 앞두고는 아빠와 함께하는 게 좋다. 처음에 아빠는 보조적인 역할을 하면서 아이 옆에 있어 주다가 점차 비중을 늘려나가 결국은 아빠가 아이의 잠자리를 관리하는 주된 역할을 하고 엄마가 보조적인 역할을 하는 것으로 전환되도록 한다. 어린아이들은 자다가 종종 깨어서 엄마를 찾는 경우도 있는데, 아빠가 잠자리 의식을 잘 치렀다면 밤중에 깨어난 아이를 달래고 다시 재우는 역할도 아빠가 해야 한다. 보통 수면 상태에 빠지면 깊은 잠과 꿈을 꾸는 얕은 잠을 반복하면서 자다 깨기를 반복한다. 그런데 영유아기의 경우는 성인에 비해 이 주기가 짧아 숙면이 어렵고 자주 깰 수밖에 없다. 이때 좋은 수면 환경을 만들어줘 안정적인 수면 습관을 가질 수 있도록 해주면 아이는 동생이 태어나도 '엄마하고만 자겠다'며 고집부리는 것이 덜하다. 아빠와도 편안히, 그리고 정해진 시간에 깊이 잠들 수 있기 때문이다.

밤중 수유 끊기

연년생의 형제자매를 갖게 되었을 때 발생할 수 있는 가장 큰 문제는 '수유'다. 첫째의 단유에 성공했다면 문제가 되지 않지만 어떤 아이들은 두세 돌까지도 엄마의 젖에 집착한다. 만일 이중 수유가 부담스럽다면 둘째가 태어나기 전에 단유 과정을 마치는 것이 좋다. 그래야 첫째가 동생에게 엄마 젖을 빼앗겼다는 생각을 하지 않으며 동생을 경쟁자로 여기지 않는다.

만일 이중 수유를 결정했다면 아이가 원할 때마다 젖을 빨게 하는 것보다 정해진 시간에만 수유를 허락한다. 첫째에게 젖을 먹이는 가장 좋은 시간은 잠자리에서 일어날 때와 잠들 때다. 이 시간은 아이에게 있어 엄마와 만나고 헤어지는 중요한 순간이다. 동시에 엄마의 사랑을 느끼고 애착을 다지는 때이기도 하다. 첫째가 눈을 떴을 때 엄마의 다정한 인사를 받고 품에 안겨 젖을 빨고, 잠이 들 때도 엄마의 품에서 엄마 냄새를 맡으며 굿나잇 인사를 하는 행위는 아이에게 안정적인 애착을 심어주는 소중한 경험이다. 부모와의 애착이 충만한 아이는 높은 자존감과 긍정적인 시각을 키워나간다.

그러나 둘째의 모유 수유를 계획하고 있다면 첫째의 밤중 수유는 끊도록 하자. 신생아는 밤중에 자주 깨기 때문에 엄마는 늘 수면 부족 상태일 수밖에 없다. 이때 첫째까지 밤중 수유를 하면 엄마는 극도의 피로감을 느끼며 스트레스를 받고 이는 육아에 악영향을 끼친다. 모유 수유를 하는 아이는 생후 6개월이 지나면 밤중 수유를 줄여나가는 것이 가능하므로 둘째를 계획하는 부모라면 잠자리 의식과 더불어 밤중 수유 끊기에 도전하자.

산후조리 기간 동안의 분리 준비

어린아이는 경험하지 못한 일에 대해 추론하는 능력이 턱없이 부족하다. 따라서 엄마가 아기를 낳으러 가는 동안 잠시 헤어지게 된다고 말해주었더라도 그날이 오기 전까지는 엄마와의 분리를 그저 막연한 사건으로만 여긴다. 그러다 막상 엄마와 헤어지게 되면 그날 밤 잠을 이루지 못하거나 엄마에게 가겠다고 떼를 쓰기 십상이다. 종종 둘째 출산을 마친 엄마가 돌아와도 자신을 두고 간 엄마에 대한 원망 때문에 새초롬하게 엄마를 모른 척하는 아이도 있다. 하지만 아이와 엄마 사이의 애착이 안정적이라면 금세 예전의 긍정적인 관계를 회복할 수 있다.

그러므로 아이가 엄마와의 분리로 인한 스트레스에서 빨리 회복하기 위해선 안정적인 애착 관계를 형성하는 것이 중요하다. 더불어 엄마와 떨어져 있는 동안 아이를 안정적으로 돌봐줄 대리 양육자를 정해 아이와의 관계를 강화시키는 작업도 필요하다. 대리 양육자는 친정어머니가 될 수도, 남편이 될 수도, 육아 도우미가 될 수도 있다. 각 가정의 상황에 따라 다르겠지만 가장 중요한 것은 여러 명이어서는 안 된다는 것이다. 둘째 출산으로 첫째와 잠시 떨어진 사이에 아이를 이 사람, 저 사람에게 돌려가며 맡기는 것은 엄마와의 분리로 애착 관계에 혼란을 느끼는 아이의 불안감을 자극할 뿐이다. 반드시 첫째 아이를 온전히 보살펴줄 사람을 미리 마련해야 한다. 불안한 아이에게 가장 필요한 것은 예측 가능하며 일관성 있는 양육 환경이라는 사실을 기억하자.

엄마와의 분리 기간 동안 아이를 맡아줄 사람을 정했다면 대리 양육자에게 아이의 특성과 그동안의 생활방식을 알려줄 차례다. 식사 시간, 수면 시간을 비롯해 어떤 놀이를 좋아하며 기분이 좋을 때와 좋지 않을 때 아이가 어떤 방식으로 표현하는지 등을 알려준다. 특히 아이가 부정적 감정을 드러내거나 흥분했을 때 편안하게 진정시키는 방법은 엄마와의 분리로 인한 불안을 다루는 데 중요하므로 꼭 알려주자. 또한 아이가 대리 양육자와의 새로운 관계에 적응할 수 있도록 적어도 출산 예정일 2주 전부터 정기적으로 만나 직접 아이를 돌볼 수 있는 시간을 가지도록 한다.

출산 예정일이 가까워지면 아이에게 직접 엄마와의 분리에 대해 말해주자.

"이제 곧 엄마 배 속에 있는 네 동생이 태어날 거야. 아기가 태어날 준비를 하면 엄마는 병원에 가야 해. 거기서 동생을 낳고 몇 밤을 자고 올 거야. 그래서 엄마가 병원에 있는 동안에는 사랑하는 예쁜 딸과 헤어지게 돼. 엄마가 널 돌봐주지 못하는 대신 할머니(혹은 이모, 아빠)가 널 잘 돌봐주실 거야. 몇 밤만 자면 엄마가 돌아올 거야. 그때는 보고 싶었던 우리 예쁜 딸을 꼭 안아줘야지!"

아이에게 분리에 대해 설명할 때 가장 강조해야 하는 것은 '엄마가 아이 곁으로 꼭 돌아온다'라는 사실을 알려주는 것이다. 이때 엄마의 감정 상태도 중요하다. 아이의 눈치를 보거나 미안해하는 등 걱정이 깃든 모습으로 말하면 안 된다. 엄마가 불안해하거나 어쩔

줄 몰라 하는 모습을 본 아이는 동생이 생긴다는 상황을 나쁘고 잘 못된 것으로 인식한다. 이는 아이의 불안을 가중시킬 것이다. 그러니 긍정적이고 자신감 있게 설명하자. 만일 아이가 엄마와의 분리에 대해 지나치게 걱정하거나 거부한다면 바로 설명이나 설득을 멈춰야 한다. 대신 아이의 불안한 감정을 공감해주고 아이가 엄마 생각이 날 때마다 만지거나 냄새를 맡을 수 있는 인형이나 엄마의 옷, 물건을 주는 것도 좋다. 출산으로 인한 엄마와의 분리와 만남을 소재로 한 동화책을 함께 읽는 것도 도움이 된다.

마지막으로 병원에 가져갈 출산 준비물을 챙길 때 첫째 아이의 사진이나 그림을 함께 가져간다는 것을 알려주자. 아이에게 '엄마는 언제 어디서든 너를 생각하고 있다'는 안심감을 심어줄 것이다. 이 때 아이에게 "엄마가 병원에 있는 동안 우리 지안이가 보고 싶을 때마다 볼 수 있는 사진(또는 그림)을 골라줄래?"라고 요청하는 것도 좋은 방법이다.

동생을 받아들일 준비

아이들도 아기를 보면 귀여워하고, 만지거나 안으려 하며 함께 놀고 싶어 한다. 하지만 아직 신체적, 정신적으로 완전히 성장하지 못한 아이들은 아기를 안전하게 안을 수 없고 아기의 수준에 맞는 놀이나 활동을 할 만한 능력이 부족하다. 동생이 예쁘다며 안아주고 만지는 첫째 아이의 행동이 위태위태하게 느껴지는 것도 그 때문이다. 첫째 아이가 둘째를 일부러 괴롭히거나 아프게 하려는 것은 분명 아니다. 하지만 나쁜 의도가 없다고 해서 어린 아기가 형이나 누나에 의해 고통받게 둘 수는 없다. 그렇다고 첫째 아이가 둘째 근처에 가지 못하게 한다면 동생과의 유대감을 발달시킬 기회를 빼앗는 동시에 형제 사이의 갈등과 시샘을 촉발시키는 것과 같다.

가장 좋은 방법은 첫째 아이의 발달 수준을 고려해 아기에게 해줄 수 있는 것이 무엇인지 친절하게 설명하고 연습시키는 것이다. 이를 위해 출산 전 첫째를 위한 '아기 인형'을 사자. 실제 아기와 흡사한 인형으로 첫째 아이가 동생을 올바르게 다루는 방법을 배우는 것이다. 아기를 안아주는 방법부터 만지면 안 되는 신체 부위를 설명해주거나 기저귀를 갈아보는 것도 좋다. 아이들은 이러한 활동에 매우 큰 흥미를 보이며 열정적으로 배우려 한다.

시간적 여유가 있다면 첫째 아이가 아기의 특성에 대해 좀 더 알수 있도록 "네가 아기였을 때 말이지…"로 시작하는 말을 해주자. "네가 아기였을 때 부드럽게 노래를 불러주면 참 좋아했단다. 너무 크게 부르면 놀라서 울곤 했지!", "네가 아기였을 때 말이야. 졸릴때 놀자고 하면 짜증을 냈어. 그땐 엄마 품에 얼굴을 기대고 엄마가 몸을 흔들흔들 해주면 좋아했지!" 엄마가 아기를 어떻게 다뤘는지, 그리고 아기가 무엇을 좋아하는지를 이야기로 설명해주는 것이다. 이를 통해 아이들은 간접적으로 아기를 다루는 법에 대해 배운다.

3. 동생과의 첫 만남

　드디어 아기가 태어났다. 첫째에게 동생을 소개할 순간이 온 것이다. 두 아이의 첫 만남은 상당히 중요하다. '첫인상을 바꾸기 위해서는 약 60번의 만남이 있어야 한다'는 어느 연구 결과처럼 아기와의 첫 만남에서 불쾌함이나 충격을 느끼지 않도록 세심한 주의가 필요하다. 첫째 아이와 둘째 아이의 긍정적인 첫 만남을 위해 준비해야 할 것들에 대해 알아보자.

가능한 빨리 동생과 만나기

　둘째 아이가 태어나면 가능한 빨리 첫째가 엄마와 동생을 만나러 갈 수 있게 하자. 아이에게 '엄마는 반드시 돌아오며 나를 잊지 않았다'라는 사실을 확인시켜주어야 할 때이다. 이때는 되도록 다른 방문객은 받지 않는 것이 좋다. 온전히 부모와 두 아이만의 시간을 갖도록 하자. 손님이 북적이고 다른 사람들이 모두 엄마와 동생의 안부를 묻는 상황을 목격한 아이는 커다란 소외감과 상실감을 느낄 것이다. 아이가 처음으로 동생을 만나는 날만큼은 할아버지와 할머니도 방문하지 않는 것이 좋다. 부모와 두 아이만의 유대감을 강화하는 시간으로 보내야 한다.

아기가 아닌 아이에게 집중하기

두 아이의 첫 만남에서는 무조건 둘째가 아닌 첫째에게 초점을 맞춰야 한다. 아기를 소개하는 것보다 첫째 아이를 반기는 것을 우선시하는 것이다. 첫째와 떨어져 있는 동안 엄마가 얼마나 보고 싶어 했는지, 그리고 다시 만나서 얼마나 행복한지를 충분히 전달하자. 더불어 첫째 아이가 엄마를 보지 못한 동안 하고 싶었던 이야기나 감정 표현을 잘 받아주자. 엄마와 아빠의 관심과 사랑이 여전히 첫째 아이를 향하고 있으며 잠시 떨어져 있어도 그것이 변하지 않는다는 사실을 적극적으로 보여주는 것이다. 태어난 동생을 소개하는 것은 그다음이다. 만일 첫째와 둘째의 만남이 병원이나 산후 조리원이 아닌 집에서 이루어진다면 신경 써야 할 것이 있다. 반드시 엄마가 아닌 다른 사람이 둘째 아이를 안고 가야 한다는 것이다. 아기를 안고 있으면 엄마가 첫째 아이를 두 팔 벌려 활짝 안아주기 힘들기 때문이다.

선물 교환하기

출산 전 첫째 아이에게 동생을 위한 선물을 준비하자고 제안해보자. 아기를 위한 그림이나 블록 작품도 좋고 작은 인형도 좋다. 무엇이든 첫째 아이가 직접 의견을 내고 준비할 수 있는 것이면 된다. 태어날 동생에게 선물을 주자고 제안할 때는 "사실은 동생도 언니(누나, 형, 오빠)를 위해 선물을 준비했대"라고 말해주자. 물론 갓 태어난 아기가 할 수 있는 일은 없으니 첫째를 위한 선물은 부모가 준비해야 한다.

동생이 주는 선물은 카드나 작은 장난감 정도가 좋다. 카드에는 이렇게 적어두자.

"내가 엄마 배 속에 있을 때 언니가 노래를 불러주고 재미있는 춤을 춰줘서 좋았어. 내가 좀 더 크면 언니가 내게 그 노래랑 춤도 알려줘!" 혹은 "엄마한테 언니에 대한 많은 이야기를 들었어. 멋진 언니를 갖게 돼서 난 너무 좋아. 나중에 내가 선물한 장난감 같이 가지고 놀자. 언니, 사랑해!"

이처럼 약간의 상상력을 발휘해 언니에 대한 감사와 기대, 사랑을 표현해주면 된다.

첫째가 동생을 위해 준비한 카드나 선물은 아직 아기가 어리니 대신 읽어주거나 선물 포장을 뜯는 것을 도와달라고 청하자. 첫째가 이를 수락하면 부모는 언니(형, 오빠, 누나)가 동생을 위해 '도움'을 주는 것에 대해 칭찬과 격려를 듬뿍 해준다. 두 아이가 선물을 주고받는 과정에서 첫째는 동생을 엄마와 아빠의 사랑을 두고 싸우는 경쟁자가 아니라 앞으로 함께 놀 수 있는 존재로 받아들일 것이다. 또한 동생을 도울 수 있을 정도로 성장한 자신에 대해 자긍심을 느끼게 된다.

아기 안아보기

엄마와 둘째 아이가 산후조리를 마치고 집으로 돌아왔다면 그동안 첫째가 아기 인형으로 연습한 것을 실행에 옮길 차례다. 첫째가 아기의 머리를 잘 지지할 수 있도록 부모가 도우면서 아기를 안아볼 수 있게 해주자. 이때 아기의 머리가 첫째 아이의 얼굴 가까이에 위치하도록 자세를 잡아주는 것이 좋다. 아기의 머리에서 페로몬이 나오기 때문이다. 페로몬은 같은 종의 개체 사이에 전달되어 특정 행동에 영향을 미치는 화학물질로, 우리가 가장 많이 알고 있는 성페로몬을 비롯해 종의 생존에 필요한 다양한 기능의 페로몬들이 있다.

유대감 전문가이자 뉴욕 대학교에서 가족 심리학을 연구하는 로

렌스 애버 박사는 아기의 머리에서 나오는 페로몬을 들이마실 때 우리는 아기와 사랑에 빠지고 아기를 보호하고 싶은 마음이 든다고 한다. 첫째 아이가 둘째를 안아주는 것은 스킨십을 통한 유대감을 쌓는 동시에 아직 스스로 할 줄 아는 것이 거의 없는 아기에 대한 보호 본능을 일으키는 행위다.

4. 동생과의 첫 생활

설렘 가득했던 아기와의 첫 만남이 지나면 본격적인 생활이 시작된다. 밥을 차려 먹고 늘어난 빨래를 하며 두 아이를 돌봐야 하는 '체험, 삶의 현장'에 투입된 것이다. 둘째가 태어나기 전에 마음의 준비는 물론이고 변화에 대비해 새로운 가정 규칙을 만들어 놓았지만 상상과 현실은 다르다. 가족 모두가 새로운 변화에 적응해야 하는데 이는 빠를수록 좋다. 그중에서도 가장 어린 첫째 아이의 적응을 위해서는 어른들의 도움이 필요하다.

부모를 독점하던 시절은 사라지고 어린 동생과 함께 부모의 관심과 시간을 나눠 써야 하는 상황은 첫째 아이로서는 처음 마주하는 낯선 일이다. 이 경험이 아이에게 부정적이고 두려운 것으로 인식된다면 앞으로 펼쳐질 첫째와 둘째 아이의 관계는 생각 이상의 갈등으로 이어질 가능성이 크다. '시작이 반이다'라는 속담처럼 첫 단추를 잘 끼워야 두 아이가 만들어갈 형제자매 사이도 평탄할 것이다. 이를 위해 부모가 알아두어야 할 것이 있다.

첫째와 즐거운 시간 보내기

신생아는 하루의 대부분을 먹고 자는 데 사용한다. 하루에도 몇 번씩 수유를 해야 하고 짧은 잠을 자면서 생후 2개월 미만의 아기는 하루 평균 18~20시간을 잔다. 이 시간을 첫째 아이와의 유대감을 더욱 탄탄하게 쌓는 데 사용하자.

유대감을 형성하는 가장 좋은 방법은 신나게 웃고 떠들 수 있는 '즐거운 시간'을 갖는 것이다. 엄마나 아빠가 일대일로 아이와 놀이를 하며 재미있는 시간을 보낼수록 큰아이는 안정감을 느끼게 된다. 그러면서 점차 동생을 예뻐하는 마음이 늘어난다. 몸으로 노는 것을 좋아하는 활동적인 아이라면 아빠와의 놀이 활동을 적극 권장한다. 조용하고 차분한 성향의 아이라면 엄마와 함께 즐거운 이야기를 나누거나 상상 속 이야기 그리기 또는 만들기 놀이를 하는 것도 좋다.

부모는 본능적으로 약한 아기를 돌보는 데 신경을 집중할 수밖에 없다. 하지만 첫째 아이가 그런 느낌을 받지 않도록 주의해야 한다. 이를 위해 둘째가 아닌 첫째 아이를 주어로 하는 문장을 사용하도록 노력할 필요가 있다. "아기가 깼잖아!", "아기가 배가 고프대!"라는 말보다 "동생이 일어났나 보다!", "우리 민혁이 동생이 배가 고프대!"라고 말하는 습관을 들이자.

말뿐 아니라 공간과 위치도 조금만 배려하면 첫째 아이가 늘 부모의 관심을 받고 있다고 느끼게 할 수 있다. 예를 들어 아이들은 바닥에 장난감을 늘어놓고 논다. 때문에 주로 마룻바닥에 앉아 있고, 엄마는 소파에 앉아 아기를 안거나 수유를 한다. 이런 구도에서 아이가 엄마를 쳐다보려면 시선을 아래에서 위로 올려다볼 수밖에 없다. 이때 엄마의 품에 안긴 동생까지 올려보게 된다. 이러한 공간적 위치는 아이로 하여금 자신과 분리된 공간에 엄마와 아기만이 함께 있다는 느낌을 준다. 소외감을 느끼는 것이다. 따라서 가능한 첫째 아이와 같은 높이의 시선에서 생활하는 것이 좋다. 바닥에 편안한 매트와 쿠션을 준비해 함께 앉아 첫째가 엄마와 단절된 기분을 느끼지 않도록 공간을 구성하자. 만일 바닥에 앉는 게 불편하다면 널찍한 빈백 소파에서 아기를 돌보는 것도 괜찮다.

아기 보는 일에 참여시키기

아이들은 아기를 돌보는 일에도 관심이 많다. 엄마가 동생의 기저귀를 갈아주거나 목욕시킬 때 그 모습을 가까이에서 지켜보며 궁금한 것들을 물어보기도 한다. 아기를 돌보는 일에 지친 엄마의 입장에서는 이것저것 물어보며 자신도 뭔가 하고 싶다고 요구하는 첫째가 성가시게 느껴질 수도 있다. 이럴 때면 아이의 요구를 거절하거나 "네가 가만히 있는 게 엄마를 돕는 거야"라는 애매모호한 말을 건네기도 한다. 이 순간 부모는 자신의 귀찮음과 아이의 공감 능력 및 친사회성을 맞바꾼 것이다.

아이가 동생을 돌보는 일에 관심을 보이는 것은 귀찮음이 아니라 축복이다. 질투와 시기가 아닌 애정을 드러낸 것이기 때문이다. 게다가 첫째가 둘째를 능숙하게 돌볼 수 있게 된다면 엄마에게도 조금이나마 도움이 될 것이다. 누구나 처음부터 부모가 아니었고 아이가 태어나면서 육아와 양육을 알게 된 것처럼 첫째 아이에게도 동생을 돌보는 일을 천천히 조금씩 가르쳐주자. 이 과정에서 아이는 가족 사이에서 자신이 할 수 있는 새로운 일이 생겼다는 사실에 유능감을 느낄뿐더러 소외되지 않았다는 안심감도 얻는다. 첫째 아이가 할 수 있는 아이 돌보기는 기저귀를 들고 옆에서 기다려준다거나 엄마가 기저귀를 가는 동안 동생이 보채지 않도록 재미있는 표정을 짓거나 율동을 하며 노래를 불러주는 정도이다. 그 외에도 목욕 후 아기가 입을 옷을 골라주거나 로션을 발라줄 수도 있다.

아기 돌보기에 첫째를 참여시킬 때 주의할 점은 절대 강요하지 않는 것이다. 아기 돌보기는 어른의 일이지 아이가 할 일은 아니다. 만일 첫째가 기꺼이 참여했다면 이에 대해 충분히 고마움을 표시하자. 또한 아직 말을 알아듣지 못하는 아기에게도 첫째가 열심히 돌봐주었다는 사실을 말해주는 게 좋다. 이는 아기를 위한 것이라기보다 첫째의 자존감 향상을 위한 장치다. "아기야, 형이 너를 위해

뽀송뽀송한 기저귀를 가져다주었어. 형한테 고맙다고 인사해야지!" 라고 말하면서 아기 손을 들어 고맙다는 인사로 흔들어주는 시늉을 해준다. 이 작은 행동은 아이에게 자신이 '좋은 형'이라는 느낌을 주며 스스로에 대한 자긍심을 느끼게 해준다.

작은 일도 모두 설명해주기

아기가 잠에서 깨서 울면 엄마는 아기를 돌보기 위해 첫째 아이 옆에서 벗어나야 할 때가 있다. 엄마로서 당연한 행동이지만 첫째의 입장에선 엄마가 자신을 버리고 떠난다는 느낌을 받기도 한다. 특히 말없이 둘째 아이 곁으로 간다면 첫째 아이는 스스로를 작고 보잘것없는 존재로 여긴다. 어른들은 중요한 자리에서 잠시 다른 볼일을 보게 되었을 때 상대에게 상황을 설명하거나 양해를 구하곤 한다. 상대를 존중하는 기본적인 예의다. 아이도 마찬가지다. 비록 예의가 무엇인지 정확히 모르는 어린아이라고 해도 늘 존중해주어야 한다.

"동생이 깼네. 아기가 예찬이 형이랑 놀고 싶은가 보다. 가서 데리고 오자!"라며 기쁘고 즐거운 톤으로 아이에게 말해주는 습관을 들이자. 또한 엄마에게 아기 돌보는 일이 우선이 아니라는 것을 보여주는 것도 중요하다. 둘째가 별일 아닌 것으로 칭얼댈 때는(위급 상황이 아닐 때는) 아기에게 "지금은 널 안아줄 수 없어. 누나가 옷 입는 걸 도와주고 있거든. 누나를 도와준 다음에 안아줄게. 지난 번엔 누나가 너를 위해 기다려주었지? 지금은 네가 기다릴 차례야!"라고 첫째 아이를 위해 말해주자.

첫째 아이를 스타로 만들어주기

둘째가 태어나면 주변에 새 생명의 탄생을 알리게 된다. 이때 첫째 아이와 함께 소식을 알리자. 동생을 안고 있거나 함께 있는 사진을 찍고 "현민이가 여러분들께 기쁜 소식을 전합니다. 동생이 태어났습니다!"라는 문구를 적어 메시지를 보내는 것이다. 아기가 태어나면 많은 사람들이 방문해 축하해준다. 이때 역시 첫째가 손님을 맞이하는 호스트 역할을 하는 게 좋다. 이때 방문객들에게 새로 태어난 둘째보다는 첫째와 먼저 인사를 나누고 관심을 보여줄 것을 부탁하자. 아기가 어딘가로 도망가거나 사라질 일은 없으니 무엇보다 집안의 중심에서 벗어난 첫째 아이의 서운함을 풀어주는 것이 우선이다.

방문객은 먼저 첫째 아이를 반기고 간단하지만 따뜻한 접촉을 나눈 다음 형, 누나, 언니, 오빠가 된 것을 축하해준다. 그리고 아기에 대해 소개해달라고 부탁한다. 첫째의 안내를 받아 아기를 본 뒤에는 아기를 위해 마련한 선물이 있다면 그 역시 첫째가 풀어본 뒤아이에게 보여줄 것을 도와달라고 요청하자. 만일 방문객이 형, 언니, 누나, 오빠가 된 기념으로 첫째를 위한 간단한 선물을 준비해준다면 더할 나위 없이 좋을 것이다. 이러한 경험은 첫째에게 동생의 출생이 즐거운 축제로 기억된다.

사랑받고 있음을 느끼게 해주기

동생이 태어났음에도 여전히 부모가 자신을 사랑하고 신경 쓰고 있음을 알게 하려면 첫째 아이와 부모가 단둘이 함께하는 시간을 규칙적으로 갖는 것이 좋다. 최소한 하루에 15분은 엄마와 아이, 혹은 아빠와 아이가 함께할 수 있도록 미리 스케줄을 계획해놓자. 또한 하루에 최소 10분 정도는 아이와 부모가 함께 신나게 웃고 떠들 수 있어야 한다. 더불어 매일 아침 눈뜰 때, 저녁 잠자리에 들 때, 그리고 부모의 출근이나 아이의 어린이집 등원 같은 헤어짐과 부모의 퇴근 및 아이의 하원 등 재결합할 때 온정과 애정이 넘치는 스킨십을 하는 것도 중요하다. 둘째가 태어나는 순간부터 첫째가 아빠와 보내는 시간이 많아진다. 그렇다고 해서 이제 엄마가 자신을 돌보지 않는다고 느끼게 만들어서는 안 된다. 아이에게 여전히 엄마와 아빠 모두가 첫째 아이를 사랑하고 있으며 우선으로 돌볼 것임을 확실하게 해두어야 한다. 아이가 사랑받고 있음을 느끼는 것은 사소한 스킨십과 따뜻한 한마디만으로도 충분하다.

변화를 최대한 줄이기

첫째 아이는 여전히 부모의 손길이 필요하고 그립다. 또한 아직 부모의 사정을 고려할 정도로 성숙하지 못했다. 부모는 두 배로 늘어난 육아와 가사로 벅차지만 빨리 새로운 변화에 익숙해지도록 노력해야 한다. 육아와 가사는 순차적으로 행해지는 일이라기보다 동시에 처리해야 하는, 멀티태스킹을 요하는 일이다. 따라서 둘째가 태어나면 아빠도 육아와 가사에 규칙적으로 참여해야 한다. 엄마의 부담이 줄어드는 것은 물론 첫째 아이도 동생이 태어나면서 느끼는 상실감을 조금이나마 치유할 것이다.

둘째가 태어난 후 몇 달 동안은 새로운 일을 벌이지 않는 것도 중요하다. 새 생명이 태어난다는 것은 숟가락 하나를 더하는 수준을 넘어선 엄청난 변화를 일으키는 사건이다. 따라서 가족 모두가 변화에 익숙해지고 안정을 느낄 때까지는 가족의 평온을 최우선으로 하자. 특히 변화에 가장 많이 노출된 첫째 아이와 많은 시간을 보내며 안정시키는 것에 주력해야 한다.

아이의 욕구 살피기

동생이 태어나면 첫째는 갑자기 '큰아이'가 된다. 그래서 종종 첫째의 욕구를 간과하거나 소홀하게 여기며 동생의 욕구를 우선시하는 경우가 있다. 또한 부모들은 자주 "아기가 울잖아", "아기는 아직 어려서 그래"라는 식으로 첫째의 욕구를 들어줄 수 없는 이유가 '동생' 때문임을 강조한다. 이러한 부모의 태도는 형제자매간의 경쟁을 부추기는 것이다.

둘째를 돌보느라 첫째의 요구를 즉시 들어줄 수 없을 때 동생 평계 대신 "지금 엄마 손이 바빠. 조금만 기다리렴. 엄마 손이 비는 대로 널 도와줄게"라고 말하자. 종종 동생이 생긴 첫째의 마음을 달래주거나 기를 세워주고자 "현수야, 현아는 응가도 아무데나 막 싸. 너는 변기에 앉아서 잘하는데, 그치?", "현아가 또 우네. 쟤는 맨날 울어, 징징이야. 너는 안 그러지?"와 같이 아기를 무시하는 태도나 말을 보일 때가 있다. 이 역시 형제자매의 유대감을 약화시킬 뿐 첫째 아이에게 위로가 되어주지 못한다. 오히려 동생을 무시하거나 엄마를 힘들게 하는 존재로 여길 수 있으니 주의하자.

동생과의 유대감 만들어주기

앞서 첫째가 동생을 돌보는 일을 돕도록 유도하는 것 외에도 아침에 일어나 아기와의 스킨십을 통해 형제자매 사이의 유대감을 키울 수 있다. 보드라운 동생의 이마에 뽀뽀하거나 뽀얀 젖내를 풍기는 아기와 잠시 포옹을 하는 등의 스킨십을 통해 애착 관계가 형성될 것이다. 이때 신경 써야 할 것은 아직 어린 첫째 아이는 좋아하는 마음을 거칠게 표현할 수 있다는 점이다. 아기가 너무 좋아서 꼭 끌어안거나 손가락을 깨물기도 한다. 이때는 "그렇게 하면 어떻게 해!", "아기가 아프잖아!"라고 흥분해 소리치는 대신 재빨리 심호흡을 해 마음을 진정시키고 첫째에게 아기를 만지고 다루는 법을 차분히 알려주도록 한다.

"민주에게 뽀뽀를 해주고 싶었구나. 그런데 민주는 아직 아기라서 갑자기 얼굴을 내밀면 깜짝 놀라 운단다. 여기 민주 손등에 뽀뽀를 해볼까? 옳지, 아주 부드럽게 잘하는구나. 민주도 오빠가 이렇게 뽀뽀해주니 기분이 좋은가보다. 웃고 있는 거 보이지?"

동생이 태어나고 발생할 수 있는 문제들(Q&A)

Q: 아기에게 수유를 해야 하는데 첫째가 안 떨어지려고 해요. 혼자서 잘 놀다가도 제가 수유하려 아기방으로 들어가면 어떻게 알았는지 바로 따라 들어와요. 그러고는 저한테 계속 매달려 있으니 너무 피곤해요. 어떻게 해야 할까요?

A: 아기에게 수유하기 전에 첫째와 웃고 즐기며 유대감을 키우는 시간을 갖는 게 중요하다. 기분이 좋으면 금세 지시에 순응하거나 협력적이 되기 때문이다. 엄마가 수유하러 가기 전 아이와 함께했던 놀이를 엄마가 수유를 끝내고 나올 때까지 혼자

서 해보도록 권해보자.

만일 아이가 그래도 엄마 옆에 있고 싶어 한다면 흔쾌히 허락하자. 잠시만 기다리라며 실랑이를 벌이면 엄마 옆에 있어도 계속 칭얼거릴 것이다. 아이는 엄마가 수유하는 동안 아무것도 하지 않으면 몹시 무료해한다. 아이가 그 시간 동안 할 수 있는 간단한 놀이나 물건, 활동들을 준비해주면 좋다. 예를 들어 수유할 동안 첫째가 먹을 만한 간단한 과자와 음료를 준비하고 "지희가 엄마 젖을 먹는 동안 준희는 이것을 먹으렴. 언니와 동생 둘 다 먹는 시간이네"라고 즐겁게 말해주는 것이다. 아이가 기다리는 동안 읽을 책이나 미술도구를 제공해주는 것도 좋다. 아기 돌보기에 관심이 많은 아이라면 자신의 아기 인형으로 엄마의 행동을 따라 해보도록 할 수도 있다. "저런, 현민이가 배가 고픈가 보다. 엄마는 현아에게 젖을 먹일 테니 너는 미미(아기 인형)에게 우유를 주렴." 첫째 아이가 옆에서 아기를 돌보는 시늉을 하면 엄마는 역할 놀이처럼 아이에게 말을 건네본다. "미미 엄마, 미미는 잘 먹고 있나요?", "잘 먹어서 그런지 지난번보다 키가 큰 것 같네요. 정말 아기를 잘 돌보시는 것 같아요!"

또 다른 유용한 방법은 구두상자 같은 것을 활용해 '우리 현수의 놀이상자'라고 이름 붙여 꾸미고 그 안에 자잘한 놀잇감, 예를 들어 간단한 퍼즐, 스티커, 장난감 자동차나 인형 등을 넣어놓고 엄마가 수유하는 동안 열어보라고 주는 것이다. 아이들은 대개 이러한 놀이상자를 접하게 되면 한동안은 시간 가는 줄 모르고 빠져든다. 하지만 이러한 모든 활동을 거부한다면 아이는 엄마와의 보다 친밀한 유대감을 원한다는 뜻이다. 따라서 평소에 첫째와 유대감을 강화할 수 있는 둘만의 놀이 시간을 규칙적으로 가질 필요가 있다.

Q: 얼마 전 울고 있는 동생을 본 첫째가 귀를 막으며 "아기 미워! 아기 다시 가라고 해! 아기 싫어!"라고 소리를 치더군요. 그러면서 잘 가리던 배변 실수를 하고 자기도 아기처럼 기저귀를 차겠다며 고집을 부리고, 아기가 빨던 젖병을 빨기도 했어요. 다시 어린 아기가 되려 하고 동생이 싫다는 우리 아이, 괜찮은 걸까요?

A: 첫째 아이가 보이는 불편하고 부정적인 감정을 수용하는 것이 부모가 첫 번째로 해야 할 일이다. 종종 부모는 "동생이 미워? 그러면 나쁜 누나야. 동생을 사랑해야지"라거나 "동생 갖다 버릴까? 아니면 다른 사람에게 줘버릴까?"라고 말하기도 한다. 이런 표현은 첫째 아이에게 불필요한 죄책감과 불안만 만들어 줄 뿐이다.

첫째 아이에게 태어난 지 얼마 안 된 아기는 그다지 매력적인 존재가 아니다. 말도 못 하고 함께 놀 수도 없고 자주 울어서 엄마 아빠를 빼앗아가기만 할 뿐이다. 물론 아기가 성장하면서 점점 첫째와 함께할 수 있는 일들이 생기면서 즐겁고 신나는 경험을 할 수 있지만 아직 어린 첫째 아이에게 경험해보지 못한 미래를 추론하는 것은 어렵다. 그러니 부모가 알려주어야 한다. 우선 동생에 대한 첫째의 부정적인 감정을 비판 없이 수용하자. 그다음 아기가 성장하고 변화할 것을 알려주는 것이다.

"현민이가 우는 소리가 듣기 싫구나. 그래서 화가 났구나. 현민이는 지금 말을 할 수 없어서 배가 고프거나 졸리고 심심하면 울어서 알려줄 수밖에 없어. 좀 더 커서 말을 할 수 있게 되면 지금처럼 크게 울지는 않을 거야. 그땐 우리 현아랑 장난도 치고 재미있는 놀이도 할 수 있을 텐데. 우리 현민이가 빨리 말을 배울 수 있게 알려줄까? '배가 고파요! 빨리 젖 주세요!'"

아이가 자신의 발달 연령보다 낮은 시기의 행동을 보이는 것을 '퇴행'이라고 한다. 정도의 차이는 있지만 스트레스를 많이 받은 아이가 일시적으로 보이는 증상으로 주로 동생이 생겼을 때 나타나는 경우가 많다. 동생에게 부모의 사랑을 빼앗긴다고 여긴 첫째가 유아적 행동으로 관심을 되찾으려는 것이다. 유아 퇴행의 주요 증상은 칭얼거림, 언어 능력 저하, 손가락 빨기, 유뇨증 등이 있다.

퇴행은 불안과 스트레스에 대처하기 위한 일종의 방어기제로 대개 일시적으로 나타났다가 사라진다. 하지만 동생이 태어나면서 얻게 된 상실감으로부터 스스로 위안을 구하기 위한 행동이므로 부모는 혼내는 등의 부정적 감정을 보여서는 안 된다. 첫째가 아기 흉내를 내며 "엄마, 엄마, 찌찌, 찌찌!"라고 하면 "왜 아기처럼 구느냐"고 타박하기보다 "아이고, 우리 아기가 왔어요? 엄마 찌찌가 먹고 싶었어요?"라며 잠시 맞춰주자. 아이가 엄마 찌찌를 먹는 척하며 "맛있어!"라고 혀 짧은 소리를 낸다면 "아니, 이럴 수가. 말을 할 수 있는 아기라니, 정말 대단하구나!"라고 놀란 표정을 지으면 아이는 깔깔거리고 웃을 것이다. 엄마는 "우리 현아가 아기가 되고 싶었구나. 그럼 잠시 아기하자. 몇 살 아기로 할까?"라고 묻고 아이가 말한 나이에 맞는 육아를 흉내 내면서 맞장구치자. 아이는 잠시 동안 행복함에 젖어들 것이다.

아이가 어느 정도 즐겼다고 생각되면 "아기씨! 이제 다섯 살로 돌아오면 안 될까요? 지금 엄마가 빨래를 걷어야 하는데요, 이걸 도와줄 아이가 필요해요. 한 살짜리 아기는 할 수가 없거든요!"라고 부탁해본다. 기분이 좋아진 아이는 엄마를 도와주러 나설 것이다. 이때 엄마가 다음과 같이 말해주자.

"아까 한 살짜리 아기도 되게 귀엽고 예뻤는데, 다섯 살도 정말 좋은 것 같아. 이렇게 엄마도 도와줄 수 있고, 같이 이야기도 하고 놀 수도 있으니까. 우리 현아가 벌써 이렇게 컸구나!"

이러한 말과 태도에서 아이는 자신이 여전히 엄마에게 사랑받고 있다고 느낀다. 그다음부터는 굳이 엄마의 사랑을 얻고자 아기처럼 굴 필요가 없음을 알게 된다.

Q: 둘째가 예민해서 작은 소리에도 쉽게 깨는데, 제가 힘들게 둘째를 재워놓으면 첫째가 소란을 피워 금세 다시 깨어나곤 해요. 그러다 보니 제가 첫째에게 자주 화를 내게 됩니다. 첫째가 조용할 때도 있는데 그때는 꼭 사고를 치고 있습니다. 벽에 낙서를 하거나 전자제품을 만지거나. 어떻게 해야 할까요?

A: 어른들은 아이를 '놀이의 전문가'라고 생각한다. 얼마든지 스스로 알아서 잘 놀 수 있다고 여기는 것이다. 하지만 현실은 전혀 다르다. 놀이란 '아는 만큼 잘할 수 있는 것'이다. 엄마와 아빠가 재미있게 노는 법을 가르쳐주어야만 동생을 돌보는 동안 스스로를 달래고 놀이를 즐길 수 있다. 평소에 주로 놀이터에서 놀거나 부모와 신체 놀이를 즐겨 했다면, 아이는 동생이 잠든 동안 이리저리 뛰어다니고 소파에서 방방 뛰며 시간을 보낼 것이다. 아니면 엄마가 가끔 해주었던 미술 놀이를 떠올리며 거실 벽을 캔버스 삼아 작품을 그릴 수도 있다.

아이들이 혼자서 차분하게 놀기를 바란다면 소꿉놀이나 책 읽기, 블록 놀이 등 한자리에서 할 수 있는 놀이를 가르쳐주어야 한다. 평소 이런 놀이를 자주 하며 익숙해지는 것이 먼저다. 그다음에 아기의 낮잠 시간에 앞서 이러한 놀이를 첫째 아이와 함께하다가 잠시 동생을 재우고 올 동안 나머지를 혼자서 해보도록 유도해야 한다. 아기를 재우러 방으로 가면서 "시끄럽게 해서 아기 깨우지 마!"라고 주의를 주는 대신 "지유가 잠들면 우리 다시 같이 놀자. 그러려면 엄마가 지유를 재워야 하고, 너도 중요하게 할 게 있어. 그건 바로 지유가 잠들 수 있도록 도와주는 거야. 지유는 시끄러운 소리가 나면 깨니까 너는 시끄러운 소리가 나면 엄마한테 얼른 알려줘야 해. 혹시 엄마가 시끄럽게 하면 엄마한테도 조용히 하라고 말해줘. 집이 조용해지도록 하는 게 네가 해야 할 일이야!"라고 말해주자. 아이는 이를 자신에게 주어진 미션이라 여기며 나름 진지하게 대할 것이다.

만일 아이가 아직 놀이에 서툴고 혼자 노는 것을 힘들어하면 미디어를 이용하는 것도 좋은 방법이다. 어린아이의 미디어 사용은 늘 신중해야 하고 지나친 미디어 노출은 발달에 부정적인 영향을 주므로 경계해야 하지만 정말 필요할 때 잠시 이용하는 정도는 괜찮다. 첫째 아이의 발달 수준을 고려한 동영상이나 TV 프로그램, 오디오북을 아기를 재우는 동안 보거나 듣도록 한다. 아이가 엄마 옆에서 떨어지지 않으려 하면 헤드폰을 쓰고 미디어 프로그램을 보고 듣도록 할 수도 있다. 아기를 재우고 나면 다시 엄마와 첫째 아이만의 즐거운 놀이를 이어나가도록 한다.

5. 동생이 기어다니기 시작할 때

동생의 출생이라는 충격적인 사건에서 어느 정도 적응해 안정을 찾기 시작한 지 얼마 지나지 않아 곧 형제자매 사이에 가장 큰 위기가 찾아온다. 그것은 아기의 '기어 다니기'에서 시작된다. 드디어 동생이 이동 능력을 갖추기 시작한 것이다. 이전에는 눕혀 놓거나 앉혀 놓으면 그 자리에서만 버둥거리던 아기가 이제 자신이 가고 싶은 곳으로 갈 수 있게 됐다. 이는 아기에게는 대단한 사건이지만 첫째에게는 엄청난 시련이다. 동시에 형제자매 사이에 본격적으로 갈등이 시작되는 원인이기도 하다.

무릎을 이용해 기어 다닐 수 있게 된 둘째는 빠른 속도로 첫째 아이에게 다가가 몸을 잡고 늘어지거나 아이가 놀던 장난감을 망가뜨린다. 일어서야겠다는 생각이 들면 아마도 첫째의 머리를 잡아당기며 온몸에 힘을 줄 것이다.

느닷없이 날벼락을 맞은 첫째는 이에 대항해 울고 밀치며 동생과 같이 물고 때린다. 이전까지는 그저 엄마가 동생을 안아주고 업어주는 것에 대한 시샘이었다면 지금은 동생과 직접적인 갈등과 충돌이 일어난 셈이다. 이제부터는 신체적 공격도 서슴지 않는다. 이 시기를 잘 넘겨야 평화로운 형제자매 관계가 이어진다. 둘째 아이가 기어 다니기 시작한 시기에 부모가 특히 주의해야 할 점에 대해 살펴보자.

첫째의 물건 보호해주기

첫째가 동생에게 무참히 자신의 물건을 빼앗기거나 공격당하지 않도록 부모가 앞장서 보호해주어야 한다. 블록이나 퍼즐은 작은 조각이 많아 아기가 기어올 때 피하면 이미 늦었다. 첫째 아이가 놀이 활동을 할 때는 아기의 손이 닿지 않는 높이의 식탁이나 책상에서 시작하도록 돕자. 그리고 첫째 아이가 아끼는 물건은 아기가 열기 어려운 상자나 통에 넣어 보관한다. 잠시 한눈판 사이 첫째가 둘째에게 물건이나 장난감을 빼앗겼다면 다른 것으로 둘째의 관심을 유도한 뒤 되찾아주자. 첫째의 소유가 확실한 것은 부모도 함께 지켜주어야 한다.

동생과 놀도록 요구하지 않기

어린 아기를 돌보는 것은 오롯이 어른의 역할이다. 첫째에게 베이비시터가 되어줄 것을 강요하면 안 되며 동생과 세트로 취급해서도 안 된다. 아이에게 '형제자매'라는 사실을 강조하며 늘 동생과 함께하라고 이야기하거나 놀아달라고 요구한다면, 첫째에게 둘째는 그저 '짐 덩어리'로 전락하고 만다.

형제자매 사이에서 흔히 볼 수 있는 모습은 둘째가 태어나 어느 정도 자라면 부모가 더 이상 아이들과 놀아주지 않는 것이다. 이는 두 아이 모두에게 좋지 않다. 먼저 어린 아기는 그다지 좋은 놀이 상대가 아니다. 놀이 상대가 되려면 물건을 나누고 순서를 지키는 등 최소한의 사회적 기술이 필요하다. 하지만 이제 막 기어 다니기 시작한 아기에게 이러한 행동을 기대할 수는 없다. 이 시기 아기들의 주된 관심은 형과 누나의 물건을 움켜쥐고 빨며 던지는 것이다. 이런 막무가내 상대와 놀고 싶은 아이들은 별로 없다.

형과 누나가 되었다고 해도 여전히 어린 아이인 첫째는 그저 즐거운 놀이가 하고 싶다. 자신보다 수준 낮은 동생을 즐겁게 해주는 일은 전혀 재미있지 않다. 그러니 동생과의 놀이에 금세 흥미를 잃을 수밖에 없다. 첫째 아이에게 즐거운 놀이란 자신보다 훨씬 많은 것을 알고, 궁금한 것을 설명해주며, 수준 높은 엄마 아빠와의 시간이다. 실제로 동생보다 엄마 아빠와의 놀이를 통해 다양한 발달 자극을 얻을 수 있다. 하지만 첫째에게 돌아오는 대답은 "동생과 놀럼!"일 뿐이다. 이때부터 첫째에겐 아기 때문에 부모가 더 이상 자신과 놀아주지 않는다는 생각이 피어난다. 그런 동생이 밉고 야속해 동생의 존재를 무시하거나 엄마 몰래 괴롭히곤 하는 것이다.

서로에게 좋은 영향을 미칠 때 열정적으로 반응하기

아기들이 기어 다니기 시작하면 모방 행동도 늘어난다. 가령 첫째가 〈반짝반짝 작은 별〉을 부르며 손동작을 하면 아기도 이를 유심히 보고 따라 하는 것이다. 이렇게 아기가 첫째를 통해 새로운 기술을 배울 때 부모는 두 아이 모두에게 칭찬해줘야 한다. 열심히 따라 하는 둘째에게는 감탄을, 그리고 첫째에게는 열정적인 반응을 보이는 것이다.

"와! 우리 민아가 아기에게 '반짝반짝' 하는 법을 가르쳐주었구나. 민주는 언니 덕분에 오늘 새로운 것을 배우게 되었네!"

이처럼 아기의 성장을 첫째의 공으로 돌리자. 이 외에도 어린이집에서 돌아온 첫째를 향해 둘째가 함박웃음을 지으며 기어가 맞이할 때도 마찬가지다. 첫째를 반기는 둘째를 칭찬하는 동시에 첫째가 얼마나 좋은 손위 형제인지를 인정해주자. 또한 훈훈한 장면을 보여주는 두 아이에게 감동했음을 직접 표현한다.

"와, 민주가 민아를 보니 정말 좋은가 보다. 민아가 오자마자 인사하러 가네. 그리고 민아도 정말 반갑게 민주를 반겨주는구나. 둘의 모습이 너무 예뻐서 엄마가 사진으로 찍어서 남겨야겠다!"

두 아이가 우애 좋은 모습을 보이거나 함께 무언가를 해나갈 때마다 열정적으로 반응하고 칭찬과 감탄의 감정을 드러내 보자. 첫째와 둘째는 서로를 부모의 사랑을 얻는 데 필요한 조력자로 여길 것이다.

첫째를 위한 시간 조율하기

첫째와 둘째 사이에 문제가 발생한다면 주로 아이들이 어떤 상황에 놓였을 때 부딪치는지 살펴보아야 한다. 아직 어린 아이들은 생리적 욕구에 민감하게 반응한다. 때문에 졸릴 때, 피곤할 때, 배고플 때, 아플 때 예민하게 반응한다. 형제자매 사이의 갈등이나 충돌도 이런 상황에서 가장 격하게 발생한다. 그러므로 아이들이 피곤하거나 배고플 때는 부딪칠 상황 자체를 만들지 않는 게 좋다.

보통 어린이집에서 하원할 즈음의 첫째 아이는 배가 고픈 상태여서 쉽게 보챌 가능성이 높다. 그런데 이때 둘째에게 수유를 하거나 이유식을 주면 첫째는 자신이 돌아왔음에도 반기지 않는 부모에게 서운함을 느낀다. 게다가 배까지 고픈 상황이라면 서운함은 금세 분노로 바뀔 것이다. 배고픔과 부모의 관심이라는 열망이 해소되지 않을 때 슬픔과 원망이 한데 뒤섞인 불안한 정서가 싹튼다. 아이의 감정에 상처를 주지 않기 위해 부모는 첫째의 사회적 스케줄과 둘째의 생리적 스케줄을 고려해 두 아이의 감정이 충돌하지 않도록 조정하는 노력이 필요하다.

첫째 아이가 등원한 다음, 그리고 하원하기 전에 둘째의 수유 및 이유식 시간을 갖도록 하자. 또한 둘째와의 교감은 첫째가 어린이집이나 유치원에 간 사이에 충분하게 나누는 것이 좋다. 그리고 첫째가 집으로 돌아오면 그다음 시간은 가급적 첫째에게 집중해 부모의 관심과 사랑을 받을 것이라는 아이의 기대를 충족시켜줘야 한다. 만일 첫째의 기대에 부응하지 못한다면 아이는 자존감을 잃고 말 것이며 부모의 애정에 대한 갈망과 함께 그에 응해주지 않는 부모에 대한 분노 또한 생겨날 것이다. 그 분노가 형제자매 사이의 갈등을 유발한다.

한쪽 편만 들지 않기

신생아 시기의 둘째는 울고 보채는 것 외에 직접적으로 첫째의 행동을 방해하지 않는다. 하지만 기어 다니기 시작하면서 문제 상황의 유발자 혹은 가해자가 되는 일이 종종 발생한다. 이에 첫째는 "엄마, 아기가 내 거 뺐었어", "나는 아무것도 안 했는데 아기가 나 때렸어"라며 흥분하는 일이 늘어난다. 이럴 때 부모는 누구 편을 들어야 할지 난감하다. 첫째를 측은하게 느끼는 부모라면 아기에게 "이놈, 왜 형아를 때려!"라며 야단치는 시늉을 할 것이고, 어린 아기가 무얼 알겠냐고 생각하는 부모라면 "아직 어리잖아. 네가 형이니까 참아야지!"라고 말할 것이다.

형제자매 사이의 싸움에서 부모가 편을 가르는 것은 불길에 기름을 붓는 것과 마찬가지다. 두 아이 중 누군가의 입장에서 말하는 것보다 첫째와 둘째 아이 각각의 상황을 이야기하고 아이가 느끼는 감정에 공감해주는 것에 온 힘을 기울여야 한다. 예를 들어 "갑자기 동생이 장난감을 뺏어서 놀랐구나"라고 첫째 아이에게 말해준 다음, 아직 말을 못 하는 아기를 대신해 "형이 가진 장난감이 정말 재미있어 보였나 봐. 그래서 한번 만져보고 싶었던 거 같아"라고 말해주자. 뒤이어 둘째 아이의 잘못된 행동을 구체적으로 지적한다. "이건 형이 가지고 놀던 거야. 중간에 뺏으면 안 돼! 이건 형에게 돌려주고 너는 다른 걸 가지고 놀자"라고 말하며 다른 장난감으로 아기의 관심을 유도한 뒤 첫째가 빼앗긴 것을 돌려주면 된다.

형제자매 사이에 갈등이 일어날 때는 아이들의 잘못을 서로 비교해 꾸짖는 대신 문제된 행동이 무엇인지 구체적으로 지적해야 한다. 아이들은 꾸지람의 내용보다 비교당했다는 사실에 더 큰 상처를 입을 수 있다. 따라서 누가 나쁘고, 누가 잘못했는지를 강조하기보다 싸움 대신 문제를 해결할 수 있는 더 나은 방법을 찾아서 가르쳐주는 것이 적절하다. 또한 일관성 있는 태도로 지도해야 한다. 첫째라는 사실을 강조하며 아이에게 그에 맞는 역할을 강요한다면 아이는 무슨 일이든 동생보다 잘하고 잘 참아야 한다는 강박관념에 사로잡힐 수 있다.

상처를 보듬는 법 알려주기

예상치 못한 둘째의 방해 행동을 참지 못한 첫째 아이가 소리를 지르거나 때리는 잘못을 했을 때는 벌 대신 다른 방법으로 문제를 해결해야 한다. 상대, 즉 둘째 아이의 감정을 돌보고 보상하도록 돕는 것이다. 의도했든 의도하지 않았든 자신의 잘못으로 상대가 신체적, 심리적, 물질적 상처를 입었다면 아이가 나서서 상처가 아물 수 있게 돕도록 해야 한다. 이러한 행위는 아이의 사회성 발달에 매우 큰 도움이 된다. 아이의 공감 능력을 키우고 이타심과 같은 친사회적 행동을 하도록 이끌기 때문이다. 동생을 할퀴어 상처를 냈다면 "현아가 장난감을 망가뜨려서 속상했지? 그런데 때리는 건 안 돼! 너희들 중 누가 맞으면 엄마도 같이 아파"라고 말하며 폭력에 대응해야 한다. 그리고 동생에게 "아프게 해서 미안해!"라고 사과하는 법을 알려주고 다친 부위에 직접 약을 발라주는 '보수 행동'을 하도록 한다. 마지막으로 상처를 보듬는 방법을 스스로 혹은 잘 따라한 아이에게 충분한 칭찬을 해주는 것도 잊지 말자.

동생이 기어 다닐 때 발생할 수 있는 문제들(Q&A)

Q: 둘째가 오빠를 정말 좋아하는데요, 그래서 그런지 오빠가 만지는 건 자신도 꼭 만지겠다며 자꾸 빼앗아요. 움켜쥐고 놓지

를 않는데 어떻게 해야 할지 모르겠네요.

A: 먼저 아이들의 반응을 살펴봐야 한다. 동생이 오빠 것을 잡을 때 동생이 방실방실 웃고 있고 오빠 역시 깔깔거린다면 그냥 내버려 두어도 된다. 이런 건 그들만의 놀이 방식일 확률이 높기 때문이다. 하지만 동생이 자신의 물건을 잡았을 때 짜증 내고 울거나 때린다면 이때는 부모가 개입해야 한다. 각자의 욕구와 감정을 헤아려 준 후, 부모는 동생에게 "이건 오빠 거야. 그러니 뺏으면 안 돼. 넌 다른 걸 갖고 놀자!"라고 말하면서 아기가 흥미를 가질 만한 물건으로 유도하자. 동생이 오빠 것을 빼앗는 일이 느낄 발생하면 첫째 아이에게 아기를 다루는 법을 알려주는 것도 좋다.

"예담이는 예찬이 오빠가 너무 좋은가 봐. 그래서 네가 가진 건 다 멋져 보여서 갖고 싶은 것 같아. 예담이가 빼앗아 간 걸 되찾고 싶을 때는 예담이가 가져도 되는 물건을 네가 들고 보여주렴. 그럼 예담이는 '아, 저거를 오빠가 가지고 있네!' 하면서 갖고 있던 걸 내려놓고 네 손에 있는 걸 가지려 할 거야. 그렇게 하면 너도 화가 날 일이 없고 예담이도 울고 떼쓸 일이 없을 거야. 이걸 '바꾸기'라고 해. 다음에 예담이가 네 것을 탐내거나 빼앗으면 '바꾸기'를 해 보렴!"

Q: 저희는 반대로 첫째가 동생이 갖는 것마다 빼앗아서 문제에

요. 자신이 갖고 놀 만한 것도 아닌데 왜 그리 뺏는지 모르겠어요. 야단을 치면 더 심해지는 것 같아서 고민이네요.

A: 큰아이가 동생의 놀잇감이나 물건을 가지고 싶어 하고 무조건 빼앗으려 하는 행동은 동생에 대한 시샘이나 분노의 표출이다. 젖병이나 딸랑이, 손수건 등 어린 동생의 물건에는 부모의 관심이 담겨 있다고 생각해 시샘하는 마음이 생긴다.

이럴 때는 규칙을 어기는 아이의 행동을 제한하면서 동생을 향한 아이의 감정을 비난 없이 수용해주는 태도가 필요하다. "이건 동생 거야. 남의 것을 함부로 뺏으면 안 돼. 어서 돌려주렴!"이라고 말하며 아이가 직접 동생에게 돌려주도록 한다. 이때 아이가 거부한다면 부모가 먼저 아이 손에서 동생의 것을 살며시 빼내어 돌려준다. 그리고 아이의 감정을 읽고 받아들여주는 것이다.

"우리 주원이가 지금 기분이 많이 안 좋구나. 그 장난감은 주원이가 좋아하는 것도 아닌데 뺏은 걸 보니 동생한테 화가 난 것 같은데. 왜 그런지 엄마한테 말해줄 수 있겠니?"

이런 방식으로 대화를 시도하는 것이다. 아이는 자신의 화난 마음에 대해 표현할 수도 있고, 계속 울적하거나 화난 표정을 지을 수도 있다. 아이의 화가 풀리지 않는다면 부정적 감정을 발산하고 주의를 전환할 수 있는 활동으로 유도하자. 풍선 터트리기, 펀치백 두드리기, 볼링 등의 활동은 공격적이고 부정적 감정 발산에 효과적이다.

Q: 둘째가 유별나기도 하지만 첫째가 이에 대한 참을성이 너무 없는 것 같아요. 동생이 조금만 귀찮게 해도 "하지 마!"라고 소리치는 동시에 손이 나가요. 그러면 아기는 울고, 첫째는 계속 씩씩대고 또 때리려고 하고. 어떻게 해야 하나요?

A: 아직 언어 능력이 완성되지 않고 자기조절력이 부족한 아이들은 감정이 격앙되면 때리고 물고 던지는 행동을 한다. 공격적 행동은 발달상의 제한으로 인한 자연스러운 현상이지만 그렇다고 해서 내버려 두어서는 안 된다. 영유아기의 공격적인 행동은 적절히 지도받지 못하면 평생 지속된다. 그럴 경우 타인을 신뢰하지 못하고 자기 긍정이 부족한 아이로 자랄 가능성이 높다. 따라서 아이의 폭력적 행동은 분명하게 제한해야 한다. 또한 아이의 화가 나는 감정도 충분히 수용하고 반영해주어 아이가 자신의 욕구나 감정을 보다 잘 표현할 수 있도록 도와준다.
그다음 부모가 신경 써서 해야 할 것은 소원해진 첫째와 둘째의 관계를 회복시켜 주는 것이다. 약간의 냉각기가 지나면 부모는 기분 전환을 할 수 있는 기회를 모색해야 한다. 함께 재미있는 만화를 보거나, 맛있는 간식을 나눠 먹고 재미있는 놀이를 하자. 함께 깔깔거리며 웃고 편안해졌을 때 두 아이의 모습이 정말 보기 좋다고 부모의 감정을 적극적으로 표현하는 것이다. 이때 자연스럽게 서로 악수나 뽀뽀를 하도록 유도하거나 동생을 때린 행동을 사과할 기회를 만들어준다.

첫째가 자신의 힘으로 동생과의 문제를 해결할 수 없을 때 부모에게 도움을 청하는 방법을 가르쳐줄 필요도 있다. 첫째가 아무리 절박한 목소리로 "하지 마!"라고 말해도 어린 아기가 자신의 행동을 멈출 확률은 그리 높지 않다. 말로 경고했음에도 바뀌는 것이 없으면 아이들은 쉽게 무력을 사용한다. 따라서 첫째의 경고가 통하지 않을 때 사용할 수 있는 방법을 알려주자. 가장 유용한 방법은 부모를 부르는 것이다. 스스로의 힘으로 안 된다고 느낄 때는 "엄마, 도와주세요!"라고 말하도록 가르친다. 아이가 이 방법을 사용하면 '동생을 때리는 대신 엄마에게 도움을 요청한 것을 잊지 않았음'에 대한 칭찬을 듬뿍 해준다.

종종 아이가 매번 엄마에게 도움을 청하면 의존적인 아이가 될까 봐 걱정하는 부모도 있다. 하지만 앞서서 걱정할 필요는 없다. 아이가 도움을 요청한 일이 별일 아니라면 마음만 헤아려주어도 문제가 해결될 것이다. 만일 아이 스스로 해결할 수 있는 문제라면 옆에서 격려해주면 된다. 이를 반복하다 보면 아이는 언제 도움을 청해야 하는지 자연스럽게 알게 된다.

3 ── 내 이름은 동생

둘째 아이 마음 흔들리지 않게

1. 둘째는 언제나 서럽다

둘째의 출생을 앞둔 부모는 첫째의 스트레스를 걱정한다. 사실 대부분의 부모가 둘째 아이를 낳는 이유는 첫째 아이 때문이다. 아이가 동생을 원해서, 나중에 혼자 자랄 아이가 외로워할까 봐 등 첫째의 행복을 기준으로 삼는다. 만일 둘째가 이러한 사실을 알게 된다면 아마도 "나는 도대체 뭔가요? 나를 위한 생각은 눈곱만큼도 하지 않았나요? 나는 그저 첫째를 위한 존재인가요!"라고 절규할지도 모른다.

갓 태어난 아기는 자신이 어디에, 누구와 있는지 모르기에 엄마를 찾는다거나 애교와 투정을 부리지 않는다. 그저 생리적 욕구와 본능에 충실히 따를 뿐이다. 첫째에게도 그런 시기가 있었지만 동생을 볼 나이가 되면 대개 잘 걷고 간단한 말을 주고받을 줄 알며, 주변의 눈치도 볼 수 있을 정도로 성장한다. 아기인 둘째는 첫째의 기저귀를 먼저 갈아준 엄마에게 화를 내거나 서운함을 표현하지 못하지만 첫째는 "흥, 엄마는 나보다 아기가 더 좋은 거지?"라며 자신의 감정을 드러낼 줄 안다. 동생보다 발달이 빠른 첫째는 부모에게 동생이 생긴 불안감, 섭섭함, 질투심을 보다 적극적이고 구체적으로 표현한다. 이 때문에 부모는 둘째가 태어나면 첫째의 마음 상태를 더 많이 신경 쓰고 배려한다. 온몸으로 서운함과 질투심을 표현하는 첫째 아이가 안쓰럽고 미안하기 때문이다. 줬다 뺏으면 더 화가 나고 억울한 것처럼 부모의 사랑을 독차지하다가 동생에게 애정과 돌봄을 나눠줘야 하는 첫째의 박탈감을 이해하지 못하는 것은 아니다. 하지만 달리 생각하면 태어난 순간부터 단 한 번도 부모의 관심과 사랑을 독차지해보지 못한 둘째도 서럽긴 마찬가지다.

물론 반대의 경우도 있다. 처음 해보는 결혼 생활과 양육이 불안정하고 버거워 첫째 아이에게 소홀히 대했던 부모가 점차 생활이 안정되면 둘째에게는 사랑을 듬뿍 쏟기도 한다. 이런 경우 첫째가 느끼는 박탈감과 시기심은 더욱 클 수밖에 없다. 그러니 부모가 아기에게 관심을 쏟으면 슬퍼하고 반항하며 자신의 서운함을 표현한다. 결국 부모는 형제자매 사이에 갈등이 발생하면 첫째에게 더 많이 주목하게 된다. 두 아이 사이의 갈등을 다룰 때 주로 첫째를 대상으로 한 방법이 많은 것도 이러한 이유 때문이다.

이렇듯 둘째는 태어나는 순간부터 늘 첫째 아이에게 밀려나는 경험을 한다. 이런 상황에서 부모가 첫째 아이만 나무라거나 다독이면 갈등은 쉽게 해결되지 않는다. 둘째 아이의 입장을 살펴보고 마음에 웅어리진 감정을 풀어주어야 형제자매 간 갈등을 긍정적으로 해결할 수 있다. 첫째와 둘째 사이의 우애는 한 아이에게서만 나오는 것이 아니다. 동생이 태어나면서 부모의 사랑을 빼앗겼다고 느끼는 첫째 아이의 소외감을 달래주는 만큼 무엇이든지 자신보다 앞서 태어난 첫째와 경쟁해야 하는 둘째 아이의 상실감도 보듬어주어야 한다.

열등감 느끼지 않게

영유아기와 아동기까지의 둘째 아이를 괴롭히는 가장 강력한 감정은 '열등감'이다. 아동기까지 아이들의 신체적 정신적 성장 속도는 폭발적이라서 한 살 많고 적음은 꽤 큰 발달 차이를 가져온다. 비록 연년생 형제자매라 해도 첫째는 둘째보다 확연히 크며 거의 모든 일에 능숙하다. 태어난 시기와 발달 차이를 보면 이는 지극히 당연한 현상이지만 둘째 아이는 그렇게 생각하지 않는다. 시간과 경험의 중요성에 대해 아직 모르기 때문에 스스로를 첫째에 비해 무능하고 열등하다고 여긴다. 무언가 뜻대로 되지 않을 때 실망하거나 화를 내는 것은 이 때문이다. 형과 누나, 언니와 오빠의 물건을 탐내거나 빼앗으려 하고, 똑같이 따라 하며 쫓아다니는 동생의 모습은 이러한 열등감을 극복하기 위한 나름의 시도인 것이다.

알프레드 아들러는 인간의 행동에 가장 큰 영향을 주는 것은 열등감이라고 주장했다. 누군가보다 우월해지려는 노력과 그것이 좌절되면 그 감정이 행동으로 나타난다는 것이다. 첫째 아이는 대개 별 노력 없이 동생을 이길 수 있다. 반면 동생은 늘 첫째의 그늘에 놓이기 쉽다. 이렇듯 태어날 때부터 열등감을 지니고 살아가는 존재가 둘째다.

만일 첫째가 동생 앞에서 "흥, 너는 아기니까 안 돼", "할 줄도 모르면서", "넌 이거 못하지? 나는 할 수 있다"라며 잘난 척한다면 둘째의 열등감은 더욱 심화될 것이다. 때로는 부모가 둘째의 열등감에 불을 지피기도 한다. "형은 10개월 때 걸었는데…", "오빠는 3살 때 자기 이름을 읽었어", "누나는 24개월에 기저귀를 떼었는데, 왜 너는 아직 못하니?"라고 말하며 행동발달의 기준을 첫째로 삼고 비교하는 것이다. 뿐만 아니라 둘째가 이룬 성공과 성취에 심드렁하게 반응하면 아이는 자신의 능력에 대한 수치심을 느낀다.

사실 부모 입장에서 둘째의 성장은 그리 새로운 일이 아니다. 첫째의 걸음마, 처음 "엄마"라고 말했던 순간은 생생히 기억하지만 둘째의 경우에는 가물가물한 경우도 많다. 똑같은 영화를 다시 보면 흥미와 감동이 반감되는 것처럼 이미 첫째의 발달을 지켜본 부모에게 둘째의 옹알이와 걸음마, 곤지곤지는 상대적으로 큰 감흥을 불러일으키지는 않을 것이다. 하지만 둘째로서는 커다란 일을 해낸 것이며 생애 처음 성공한 것이다. 설령 첫째에 비해 좀 더 느리고 어눌했을지라도 둘째에겐 발전이요, 성취인 것이다. 부모는 둘째의 첫 성공에 열정적으로 반응해주어야 한다. "와! 해냈구나!", "정말 멋지구나!"라고 소리치며 박수, 엄지 척, 하이파이브를 건네자, 둘째가 스스로를 유능하다고 여길 만큼 건강한 감정을 이끌어내는 것이다.

그런데 이런 훈훈한 분위기를 망치는 첫째의 태클이 들어올 수도 있다. 둘째가 서툴게 써 내려간 한글을 보며 "이게 뭐야? 뭐라고 썼는지 하나도 모르겠다"라며 둘째의 결과물을 비웃거나 "너는 영어 못쓰지? 난 영어도 쓸 줄 안다!"라며 동생이 할 수 없는 것들을 들먹이며 잘난 척할 수도 있다. 이럴 때 당황한 부모가 "동생은 어리니까 그렇지. 잘난 척하는 건 나쁜 아이나 하는 거야"라며 상황을 무마한다면 첫째와 둘째 아이 모두에게 별 도움이 되지 않을 것이다. 첫째 아이는 스스로를 '잘난 척하는 나쁜 아이'로 여기며 죄책감을 가질 것이며, 둘째는 '늘 형에게 뒤처지는 아이'라는 무력감에 빠질 것이다.

당연할 수밖에 없는 첫째와 둘째의 격차로 인해 문제가 발생했을 때 아이들에게 상처 주지 않고도 상황을 해결할 방법이 있다. 절대 두 아이 중 누구도 비난하거나 부정적인 감정을 드러내서는 안 되며 다음과 같이 자연스럽게 이야기해야 한다.

"5살은 5살이 할 수 있는 것이 있고, 7살은 7살이 할 수 있는 것이 있단다. 엄마도 어릴 적에는 밥을 지을 줄 몰랐지만 지금은 할 수 있게 되었어. 하지만 지금은 10살 때처럼 줄넘기와 달리기를 잘하지는 못해. 나이에 따라 할 수 있는 것, 잘하는 것, 못하는 것이 다 다르거든. 아마 젖병 빨기는 옆집 아기가 너희보다 더 잘할걸! 준형이는 지금 5살이 할 수 있는 글쓰기를 해준 거야. 이건 정말 멋진 글씨야! 8살이 되면 글씨가 달라지겠지. 그때는 준성이 형아처럼 영어로 이름도 쓸 수도 있어. 준성이도 8살이 되면서 할 수 있게 됐거든. 준형이는 5살이 할 수 있는 멋진 글을 썼고, 형아는 8살이 할 수 있는 멋진 영어 이름을 썼네! 엄마는 너무 기뻐. 그리고 앞으로 너희들이 더 크면 어떤 멋있는 걸 할 수 있을지 너무 궁금하고 기대가 된다. 이렇게 멋진 걸 써줘서 고마워."

아이의 실력을 평가하기보다 발달 차이를 이해시키는 것이 먼저다. 그럼에도 둘째가 첫째를 보며 "왜 나는 형처럼 빨리 달리지 못해?", "왜 나는 형보다 작아?", "왜 나는 형처럼 유치원에 갈 수 없어?"라고 묻거나 속상해한다면 둘째의 마음을 충분히 공감해주는 시간을 갖자. "형처럼 빨리 달리고 싶구나. 형하고 달리기 시합할 때마다 져서 속상했나 보네"라며 아이의 마음을 이해하고 다독여준 후 한마디 덧붙인다.

"그런데 너 그거 아니? 작년보다 올해에는 훨씬 빨리 달렸어. 한 살 더 먹어서 다리 힘도 세지고 키도 커져서 달리기가 늘었나 봐."

둘째의 열등감을 줄여주기 위해서는 가끔은 자신보다 어린 동생과 놀이하는 시간을 보내는 것도 필요하다. 늘 첫째에 비해 부족하다고 느끼고 첫째의 지시를 따르기만 했던 경험에서 자신이 유능하고 리드한다는 느낌을 갖는 건 둘째에게는 꽤 기분 좋은 경험이 된다. 또한 이러한 경험은 공감능력을 기르는 데도 도움이 된다. 자신보다 발달 수준이 낮은 상대를 다루는 것이 아주 쉬운 일은 아님을 깨닫기 때문이다. 도움을 주어야 하고 기다려줘야 하며, 답답한 것을 참으면서 알려주어야 하는 역할을 하면서 첫째의 마음을 조금이나마 이해할 수 있게 된다. 그리고 동생을 떠나 첫째를 만났을 때 자신을 이끌어주는 첫째에게 고마움과 편안함을 느낄 것이다.

정체감 상실하지 않게

둘째의 경우 유아기 동안은 자신의 친구보다 첫째의 친구들과 더 많은 시간을 보낸다. 특히 동성의 형제자매일 때는 더욱 그러하다. 둘째가 두 돌이 지나 제법 첫째의 놀이 상대를 할 수 있게 되면 상당수의 부모가 더 이상 아이들과 놀이를 하지 않고 아이들끼리 놀게 내버려 둔다. 그러면서 둘째는 첫째의 놀이 친구를 공유하게 된다. 사실 좋게 말해 공유지 구박받으며 쫓아다닌다는 게 좀 더 정확한 표현이다. 첫째 아이는 동생이 귀찮아 떼어놓으려 하지만 놀고 싶은 욕구에 둘째는 구박을 참아가며 첫째를 쫓아다니는 것이다.

이런 집단에서 둘째는 주로 '누구의 동생'으로 불린다. 첫째와 세트로 묶이거나 깍두기처럼 자신의 정체성을 갖지 못한 부록 같은 존재가 된다. 본격적으로 사회생활을 시작하는 시기가 되어도 변하는 것은 없다. 보통 둘째는 첫째가 다니고 있거나 다녔던 어린이집, 유치원, 학교, 학원 등을 다닌다. 이곳에서도 둘째 아이는 여전히 '누구의 동생'이라 불린다. 선생님은 "어머, 네가 수아 동생이구나!"라며 첫째 이야기를 꺼낸다. 둘째에 대한 이야기는 그다음이다. 이처럼 언제나 첫째가 먼저인 상황에 놓인 둘째는 소외감을 느낀다.

집에서도 첫째와의 비교는 멈추지 않는다. "형은 축구를 잘했는데 너는 별로 안 좋아하는구나", "언니는 얌전한데", "누나는 채소도 잘 먹는데"와 같은 비교와 평가는 둘째의 열등감과 경쟁심을 자극하는 것은 물론 개별적인 존재로서의 정체감도 상실하게 만든다. 자아 정체감은 아이 스스로 '나는 누구인가'임을 느끼고 깨닫는 것을 뜻하는 심리학 용어다. 이는 특히 유아기 때의 자기에 대한 개념에서 발달해 청소년기에 확립된다. 그런데 태어나면서부터 첫째와 비교당하거나 자신 그 자체가 아닌 첫째 아이의 동생으로 여겨지는 아이는 자아 정체감이 발달하기 어렵다.

부모는 둘째가 정체감의 혼란이나 상실감을 느끼지 않도록 아이를 '특별하고 개성 있는 존재'로 대해야 한다. 둘째는 첫째에 비해 부모를 독점한 시간이 절대적으로 적다. 어린이집도 첫째에 비해 빨리 보내는 편이므로 아이에게는 무엇보다 부모의 애정을 오롯이 느낄 수 있는 시간이 부족하다. 하루에 최소 30분 만이라도 둘째와 단둘이 보내는 시간을 가져보자. 아이의 못다한 말을 들어주고 응석을 받아주면서 '나도 충분히 사랑받고 있다'는 감정을 느끼도록 배려하는 양육이 필요하다. 이 시간만큼은 '누구 동생'이 아니라 그냥 엄마와 아빠의 딸 혹은 아들이 되는 것이다.

그리고 부모는 둘째 아이만의 또래 친구를 만들어주어야 한다. 첫째의 친구 또는 첫째 친구의 동생이 아닌 둘째만의 친구가 필요하다. 아이들은 일차적으로 가족 내 관계를 기초로 또래로 인간관계를 확장시킨다. 친구를 통해 타인을 보는 눈을 만들어가고 사회에서의 대인관계 형성에도 영향을 받는다. 그런데 가족 다음의 관계가 첫째 아이와 이어져 있다면 앞으로 둘째의 인간관계와 사회성은 계속해서 첫째의 영향을 받을 수밖에 없다. 스스로 대인관계를 원만하게 만들어가기 어렵다는 뜻이다. 어린이집과 유치원의 같은 반 친구들과 함께 놀고 어울릴 시간을 만들어주자. 첫째를 위한 모임이 일주일에 3번이라면 둘째를 위한 모임도 2~3번은 만들어주어야 한다.

첫째가 초등학교에 들어가면 부모의 온 신경이 첫째에게 향하는 경우도 많다. 초등학교 입학은 아이가 본격적으로 사회생활을 하며 정해진 규칙과 규율을 지키며 단체의 구성원으로서 책임을 다해야 하는 큰 사건이다. 하지만 영유아기를 거치는 둘째 역시 중요한 시기를 지나고 있음을 잊어서는 안 된다. 부모의 시간, 관심, 애정, 그리고 노동력까지 모든 것은 두 자녀 중 어느 누구도 소외되지 않도록 공평하게 주어져야 한다. 그것이 진정한 배려다.

아이의 교육기관이나 과외 활동을 선택할 때도 둘째의 성향과 취향을 무시한 채 첫째와 같은 곳으로 보내서는 안 된다. 만일 두 아이가 같은 활동을 원한다면 교사나 강사는 달리하는 게 좋다. 같은 선생님에게 지도받는 일은 주로 학습지와 같은 방문 수업을 할 때 종종 일어난다. 부모 입장에서는 익숙한 선생님에게 두 아이가 함께 배우는 것이 더 나을 것이라 생각한다. 하지만 아이들 입장에서는 익숙함보다 서로 비교당할지도 모른다는 생각이 크다. 배움보다 선생님의 인정을 얻기 위한 경쟁이 목적이 돼버리는 것이다.

애석하게도 연령 차이에서 오는 발달 격차를 둘째가 뛰어넘기는 어렵다. 이는 둘째의 열등감을 자극한다. 첫째에게 느끼는 열등감을 만회하기 위해 자신이 좋아하고 잘하는 것보다 첫째가 하는 것을 따라가려고 한다. 이런 방식으로 경쟁심이 커지면 둘째 아이는 자기 자신을 잃어버리게 될 수도 있다. 자아 정체성이 '내'가 아닌 '첫째'가 기준이 돼버리고 마는 것이다.

둘째의 올바른 자아 정체성 확립을 위해서는 부모뿐 아니라 주변 사람들도 형제자매 사이를 비교하거나 경쟁을 부추기는 말을 하지 않도록 신경 써야 한다. 주변 사람이 둘째와 첫인사를 나눌 때 "아, 네가 지우 동생이구나"라는 말 대신 아이의 이름을 물으며 개인적인 관심을 가져달라고 부탁하자. 그리고 첫째 아이는 이름을 불러주면서 둘째 아이는 '동생', '아가'라는 호칭으로 불러서는 안 된다.

소외감 느끼지 않게

둘째의 기질에 따라 다르겠지만 자녀를 둘 이상 둔 부모의 상당수가 "둘째는 거저 키웠다", "첫째에 비해 둘째는 신경을 덜 쓰고 키웠다"라는 말을 한다. 첫째 아이를 키울 때는 열이 조금만 나도 응급실로 달려갔지만 둘째가 열이 나면 옷을 벗기고 해열제를 먹이는 여유가 생겼고, 첫째가 밤중에 조금이라도 뒤척이면 금세 잠이 깼지만 둘째의 웬만한 칭얼거림은 무시할 수 있는 내공이 생겼기 때문일 것이다. 부모의 적당한 무심함은 둘째의 자율성을 키우는 데 긍정적인 역할을 하기도 하지만 지나친 무심함은 소외감과 애정 결핍을 불러일으킬 수 있다. 애정이 결핍된 상황을 무리하게 참아내면 나중에 반드시 부작용이 생긴다. 아이는 부모로부터 공평한 애정을 받아야 한다.

특히 동성의 형제자매일 경우 둘째는 첫째의 장난감은 물론 옷, 심지어 내의까지 물려받게 될 가능성이 높다. 말 그대로 '내 것'이 없는 것이다. 부모는 "이제 너의 것이야"라고 하지만 첫째 아이가 "이거 원래 내 거야!"라며 소유를 주장한다. 이 말에는 '너는 내 것을 물려받는 존재야'라는 암시가 깔려 있다. 그러니 둘째 입장에서는 눈치가 보이고 서럽기까지 하다.

은근히 '너는 내 것을 물려받는 존재야'라는 암시를 주기도 하니, 둘째 입장에서는 눈치가 보이고 서럽기까지 하다. '내 것'이 갖고 싶은 둘째는 첫째의 것이 탐이 나 뺏으려 하고, '나만의 것'이 갖고 싶어 마트나 편의점에서 떼를 쓰기도 한다. 가만히 살펴보면 둘째가 갖고 싶다는 것은 대부분 첫째가 가진 것과 똑같거나 비슷한 것이다. 형이 가진 변신 로봇, 언니가 가진 곰인형, 오빠가 가진 팽이, 누나가 가진 소꿉놀이 장난감을 갖고 싶어 떼를 쓴다. 그러나 두 아이를 키우는 부모로서는 같은 장난감을 두 개씩이나 사는 건 낭비라고 생각할 수밖에 없다. 두 아이에게 서로 다른 것을 사라고 설득하는데 이때 둘째 아이에게 다른 것을 고르라고 말하는 경우가 많다. 현실적으로 최신 유행에 밝은 첫째의 장난감이 더 새로운 것일 때가 많고, 이는 곧 둘째가 물려받을 것이기 때문이다. 결국 부모의 설득에는 더 비싸고 신상품인 첫째의 장난감에 돈을 쓰고 아직 어려서 뭘 모른다고 생각하는 둘째에겐 싸고 단순한 장난감을 사주려는 속내가 숨어 있다. 이런 부모의 작전이 성공해도 행복한 결말을 기대하긴 어렵다. 집에 돌아가는 길부터 싸움이 일어나기 때문이다. 아무리 봐도 둘째의 눈에는 첫째의 장난감이 더 마음에 들고 멋있어 보인다. 슬쩍 첫째의 장난감을 탐내면 곧바로 "내 걸 왜 만지냐"며 둘째를 잔뜩 경계하는 첫째의 날카로운 대답이 돌아온다. 부모 역시 "네 걸 가지고 놀아야지"라며 첫째의 편에 선다. 하지만 둘째는 원래부터 첫째 아이와 같은 장난감을 원했다. 결국 첫째는 원하는 장난감을 손에 넣었고, 둘째는 원하지 않는 장난감을 가지고 놀아야만 하는 상황이 된 것이다. 그러니 둘째가 떼를 쓰고 심통을 부리는 것은 당연한 행동이다.

다양한 자극을 제공하며 돈도 아끼려는 부모의 마음은 이해된다. 하지만 이 때문에 형제자매 사이가 벌어지는 것은 옳지 않다. 장난감을 많이 사주는 것보다 아이들이 원하는 것을 사주는 게 더 좋다. 첫째와 둘째가 같은 종류의 장난감을 갖고 싶어 하면 그렇게 해주자. TV 속 연예인이 들고나온 가방을 수소문해 똑같은 것을 사는 어른처럼 아이들도 주변 친구들이나 형제자매가 가진 장난감이 갖고 싶다. 그런데 "언니 거 가지고 놀면 되잖아", "언니가 안 놀 때 빌려서 쓰자"라는 말을 한다면 둘째는 스스로를 '첫째가 쓰던 것을 물려 써야 하는 존재'라고 생각하게 만든다. 만일 두 아이 모두가 원하는 장난감 가격이 지나치게 높다면 하나의 장난감을 사서 '공동의 소유'로 확실하게 정하면 된다. 월, 수, 금은 첫째 아이가 마음껏 가지고 놀고 화, 목, 토는 둘째 아이가 원하는 만큼 놀면 된다. 일요일은 오전, 오후로 나눠서 소유하는 규칙을 정하자. 첫째라서 혹은 둘째이기 때문에 양보하거나 소유해야 한다는 생각은 두 아이 모두에게 그릇된 생각을 심어줄 뿐이다. 첫째는 모든 일에 자신이 우선이라는 이기심과 지나친 자기중심적 성향을 키우고, 둘째는 스스로의 가치를 낮추고 모든 일에 소극적이 될 것이다. 누구의 것이 아닌 공평한 소유를 보장해줄 때 둘째는 자신도 존중받았다고 느낀다.

그렇다고 해서 첫째가 사용한 멀쩡한 옷이나 가구, 물건 등을 버릴 수 없는 것도 현실이다. 물론 동생도 함께 사용해야 한다. 다만 그대로 물려주기보다 약간의 리폼을 해서 둘째 아이를 위해 엄마가 신경 썼다는 성의를 보여주어야 한다. 첫째 아이의 이름을 써놓은 곳에 종이와 귀여운 스티커를 붙여 둘째의 이름을 새로 써주거나, 첫째가 쓰던 책상에 둘째가 고른 색상의 페인트를 칠해 꾸며주는 방식으로 '둘째 아이만의 것'을 만들어주자.

비록 얼마 전까지는 첫째 아이의 물건이었을지 몰라도 그것을 물려받은 것이 아니라 새롭게 둘째 아이의 물건으로 만들어주는 것이다. 형제자매가 물건을 나눠 쓰는 모습을 보여주는 것은 아이들의 인성 발달과 경제 개념을 심어주는 데 도움이 된다. 그리고 첫째라고 해서 늘 새것만 사주는 것은 올바르지 않다. 사촌의 물건을 물려받거나 중고장터에서 좋은 물건을 저렴하게 구입해주자. 그러면 첫째가 쓰던 물건을 물려받는 것에 대한 둘째의 거부감이 줄어들 것이다.

억울해지지 않게

동생이 생긴 첫째가 부모를 시험에 들게 하는 질문이 있다.

"엄마는 누가 더 좋아?"

이때 부모는 아직 어린 둘째가 모를 거라는 핑계로 "엄만 너를 더 사랑해!"라며 첫째 아이에게 충만한 사랑을 표현한다. 그러다 둘째가 기어 다니기 시작하면서 첫째의 장난감을 건드리거나 영역을 침범해 다투는 빈도가 늘어났을 때도 마찬가지다. 다루기 수월한 둘째를 안고서 "이놈, 왜 형 장난감을 만져"라고 주의를 주고는 "동생 나빴다, 그치?"라며 심기가 불편한 첫째를 어르고 달래준다.

이러한 대처는 첫째의 부정적인 마음을 가라앉히고 더 큰 다툼이 일어나는 것을 막는 응급처치로는 효과적이다. 하지만 반복될수록 첫째 아이에게는 동생의 존재가 부정적으로 자리 잡는다. 어느새 첫째는 둘째에 대해 적대적인 감정을 갖게 되고 이는 형제자매 사이의 갈등을 유발하는 불씨로 작용한다. 둘째의 심기도 마찬가지로 불편하다. 욕심이 많아 첫째의 물건을 만지거나 탐낸 것이 아니라 아직 '내 것'과 '네 것'을 구분할 만큼 발달하지 못했을 뿐인데 욕심 많은 나쁜 동생이 돼버렸으니 억울할 따름이다.

형제자매 사이의 우애와 경쟁, 다툼에 가장 큰 영향을 미치는 것은 부모의 양육 태도다. 부모가 두 아이를 어떻게 키우고 반응하느냐에 따라 형제자매가 서로를 인식하는 방식이 달라진다. 의도하지는 않았으나 어쩌다 보니 첫째에게 동생에 대한 부정적인 이미지를 심어주는 것은 두 아이 사이의 유대감과 공감이 싹틀 기회를 없애고 갈등을 불러일으킨다. 특히 첫째는 동생에 대한 불신을 키우기 쉽고, 둘째는 그런 상황이 억울하게 느껴진다. 자신이 잘못한 것이 없음에도 첫째에게 미움받는 '나쁜 아이'가 되고 마는 일이 많기 때문이다.

둘째가 궁금증을 참지 못하고 첫째의 것을 만지거나 끼어들 때 "왜 형 걸 만져. 네 거 가지고 놀아!", "누나 지금 공부하고 있잖아. 방해하지 말고 나가서 놀아!"라고 말하는 부모는 아이를 훼방꾼으로 만든 셈이다. 그보다는 "형이 뭘 하는지 궁금했구나. 형한테 신기한 거 보여달라고 할까?", "언니와 놀고 싶었구나. 언니도 같이 놀고 싶지만 지금 숙제를 해야 해. 다 끝나면 뭐 하고 놀 건지 기다리면서 생각해보자!"라고 둘째 아이가 자신과 첫째에 대해 부정적인 느낌을 갖지 않도록 말해주자.

2. 둘째는 경쟁에서 이기고 싶다

‘내리사랑’이라는 말처럼 둘째에게 더 많은 애정과 지지를 보내는 부모도 있다. 이런 편애는 주로 둘째가 늦둥이일 때 많이 일어난다. 세상에 태어나는 순간부터 자신보다 힘이 세고 오랜 시간 부모의 사랑을 듬뿍 받아온 막강한 라이벌이 있음을 알게 된 둘째 아이는 늘 첫째와의 경쟁에서 이기고 싶다는 열망을 가지고 있다. 그래서일까. 상대적으로 부모에게 더 많은 애교를 보이며 말이나 걸음도 첫째보다 빨리 익힌다. 이런 모습을 본 부모는 무의식중에 둘째에게 더 큰 애정과 사랑을 보내기도 한다. 하지만 부모의 일방적인 편애를 받고 자란 아이는 응석받이로 자라 자기애만 강한 미숙한 사람이 될 가능성이 높다. 또한 편애의 피해는 고스란히 첫째 아이의 몫이 된다.

자기 욕구만 채우려 하지 않게

첫째에게 "동생은 아기잖아", "너는 오빠니까 참아야지"라며 일방적으로 둘째를 두둔하면 두 아이의 갈등은 더욱 심화될 것이다. 첫째 아이는 책임감과 인정받고 싶은 욕구를 가지고 있는데 이를 부모가 받아주지 않으면 어린아이처럼 행동하고 동생을 괴롭힌다. 형제자매 사이에 갈등을 유발하는 가장 큰 원인 중 하나는 편애다. 다른 형제자매에 비해 부모에게 사랑받지 못했다는 느낌은 곧 인정받지 못했다는 불행으로, 부모의 불공평함에 대한 분노로 이어진다. 그리고 자신에게 왔어야 할 관심과 애정을 빼앗아간 형제자매에 대한 질투로 발전한다. 이는 형제자매와의 관계뿐 아니라 전반적인 인간관계에도 영향을 미친다. 자신도 모르는 사이에 상대에게 공격성을 드러내거나 스스로를 상처 입히기도 한다.

그리고 부모의 비호를 받고 자란 둘째는 툭하면 "누나가 못하게 해", "형이 때렸어"라며 사소한 일도 부모에게 이르고 첫째를 탓한다. 시간이 지날수록 자기 욕구만 채우려는 모습을 보인다. 따라서 한 아이를 일방적으로 편애하는 태도가 아니라 두 아이가 서로 다른 인격체라는 것을 인정하고 존중해주어야 한다.

이를 위해서는 둘째 아이에게 기본적인 규칙을 알려주고 그것을 지킬 수 있도록 일관성 있게 지도하는 노력이 필요하다. 생후 15개월 이전의 아기는 규칙을 지키는 것을 이해할 만큼 인지 발달이 이루어지지 않았다. 때문에 아이 스스로 옳고 그름을 분별하거나 부모가 못하게 한 행동을 잘 지킬 거라고 기대하기 어렵다. 떼를 쓰거나 막무가내로 첫째 아이 물건을 빼앗는 둘째가 스트레스를 받지 않으면서 잘못된 행동을 제한하는 가장 좋은 방법은 '주의 전환법'이다. 주의를 다른 곳으로 돌리는 이 방법은 "자동차가 갖고 싶었구나. 하지만 이건 오빠 거야. 지금 오빠가 가지고 놀고 있으니 우리는 다른 장난감으로 놀자!"라고 말해주며 둘째의 관심을 다른 곳으로 유도하는 것이다.

이 시기의 아기는 비교적 주의 전환이 잘 되므로 관심을 가질 만한 다른 대안을 제시하면 금세 다른 곳으로 주의를 돌린다. 이때 "아이, 착하다!"라며 머리를 쓰다듬어주고 칭찬해주면 이런 경험이 쌓여 아이의 자기 조절력이 보다 잘 발달한다.

어린아이들은 "안돼"라는 말을 듣는 순간 얼굴을 찡그리고 울음을 터트리기도 한다. 그래도 "지금은 안돼. 네 순서가 아니야", "언니가 다 할 때까지 기다려"와 같은 말을 받아들이는 훈련을 꾸준히 받아야 한다. 이를 수용하고 제한을 따를 때 '좌절과 욕구'를 참는 조절력이 길러진다. 주의를 전환시키는 것은 제한을 받아들이는 것이 아직 서툰 아이들을 위한 부모의 배려다. 자신의 욕구를 거절당한 아이의 마음을 빨리 달래주는 동시에 '또 다른 방법'이 있음을 알려줌으로써 융통성 있게 문제를 해결할 수 있는 능력을 기르도록 도와주는 것이기도 하다.

자기 마음 표현할 수 있게

15개월 이전의 어린 아기는 아직 언어적 이해와 표현 능력이 부족하다. 때문에 둘째 아이의 행동이 잘못되었다는 것을 알려줄 때는 말뿐 아니라 표정, 목소리 톤, 사인 랭귀지(손동작)와 같은 비언어적 표현에도 신경 써야 한다. 아이들은 생후 10개월만 되어도 간단한 손동작을 모방할 수 있을 정도로 성장한다. 부모의 손 모양을 보고 '곤지곤지'와 '잼잼' 등을 따라 하는 것도 그 덕분이다. 뿐만 아니라 '안돼'와 '기다려' 등의 사인도 배울 수 있으며 자신이 필요할 때 사용한다.

아기가 형의 것을 뺏으려 하면 "안돼!"라고 짧고 단호하게 말하며 양손으로 엑스(X) 자를 만들어 보여주는 것을 반복하면 아기는 행동을 멈춘다. 손바닥을 아기 쪽으로 향하고 "기다려!"라고 말하면 아기는 하던 것을 멈추고 기다릴 것이다. 이런 신호가 반복되면 부모의 잔소리나 꾸지람이 없어도 스스로 행동을 제어할 수 있도록 반응한다.

언어가 제한적인 아기가 형제자매에게 사용할 수 있는 베이비 사인을 익히도록 도와주는 것도 좋다. 베이비 사인은 아직 말을 하지 못하는 아기와 의사소통을 하기 위해 주고받는 몸짓이나 신호를 말한다. 많은 부모들이 양손을 모으고 앞으로 내밀며 "주세요"라고 말하거나 고개를 숙이는 동작을 하며 "고맙습니다"라고 하는 게 대표적이다. 이를 형제자매 사이에도 사용할 수 있도록 가르친다면 두 아이 사이에 일어날 많은 갈등을 예방할 수 있다. 물론 첫째 아이에게 동생이 사용하는 베이비 사인의 의미를 알려주어야 오해가 없을 것이다.

둘째에게 베이비 사인을 가르쳐줄 때는 아기가 쉽게 따라 할 수 있는 단순한 동작이어야 한다. 한 번 약속된 동작은 일관성 있게 사용해야 아이가 익숙해질 수 있다. 이미 아기가 사용하고 있는 행동에 간단한 언어를 붙여 만들 수도 있다. 아기가 인상을 찡그리며 고개를 흔들면 대개는 싫고 불편하다는 뜻이다. 이때 엄마가 "싫어"라고 반복적으로 말해주면 앞으로 아기는 자신이 싫을 때 이런 표정과 행동을 지을 것이다. 어린 아기는 언어로 자신의 생각과 감정을 표현하는 것이 어려워 울거나 떼를 쓰는 공격적인 행동을 할 때가 많기 때문에 베이비 사인을 통해 의사소통이 강화되면 형제자매 사이의 갈등도 줄어들 수 있다.

생후 15개월 정도가 되면 간단한 단어 한두 개를 말할 수 있는 수준에 이르고, 두 돌이 지나면 폭발적으로 언어가 발달한다. 이때 부모는 명사와 동사 위주로 간단히 말해주면서 아이의 이해를 돕기 위해 몸짓이나 손짓과 같은 보디랭귀지를 함께 사용해 규칙을 말해주고 공감해주는 방식으로 지도해나가면 된다. 아이가 세 돌이 지나면 가정에서의 의사소통에 큰 무리가 없을 정도로 언어가 능숙해진다. 언어가 발달하면서 자연스럽게 형제자매 사이에 물거나 때리는 신체 싸움은 줄어든다.

대신 말싸움과 논쟁이 늘어난다. 부모가 볼 때는 첫째와 둘째가 서로 지지 않고 말싸움을 벌이는 것 같지만 10대 이전에는 첫째의 말발과 논리를 동생이 쫓아가기는 어렵다. 형제자매 사이에 갈등이 발생했을 때 첫째가 일방적으로 말하면서 둘째의 말에 조목조목 반박하면 약이 오른 둘째가 흥분하거나 공격적인 행동을 하게 된다. 그 결과 대부분 둘째가 부모에게 야단맞는 것으로 싸움이 마무리된다. 이런 경험이 반복되면 둘째 아이의 억울함과 반항심이 깊어질 수 있다. 그러므로 부모는 둘째에게도 자신의 의견이나 생각을 표현할 수 있는 충분한 시간을 제공하고 격려해주어야 한다. 단순히 둘째의 편을 들어주는 것이 아니라 발달이 미숙한 아이를 위한 도움을 제공해주는 것이라고 이해하면 된다. 일종의 통역자 역할이라고 생각하면 될 것이다.

만일 5살 둘째가 흥분해서 자동차를 가리키며 형을 흘겨보고 "나빠! 내 거야! 내놔!"라고 소리친다면 어떻게 해야 할까? 누구 잘못인지, 왜 소리를 지르는지를 따져서는 안 된다. 자기표현이 서툰 아이에게는 천천히 아이의 마음과 생각을 말할 기회를 주는 것이 먼저다. "네 경찰차를 형이 가졌구나. 그래서 화가 났구나. 형이 네 경찰차를 돌려주었으면 좋겠니?"라고 보다 정교한 형태로 아이의 짧은 말에 담긴 의미를 파악하자. 이를 통해 둘째는 첫째에게 자신의 의견을 전달할 수 있고, 구체적으로 표현하는 방법을 배운다. 사람 사이 갈등의 대부분은 불명확한 의사소통에서 비롯된다. 그러니 아직 자기 생각을 구체적으로 표현하지 못하는 아이들은 의도와 다른 몸짓과 언어로 인해 서로에게 오해를 불러일으키기 쉽다.

특히 첫째에 비해 발달 상황이 늦은 둘째 아이의 경우 이로 인한 갈등을 자주 경험한다. 이때 두 아이 사이에서 부모가 해야 할 일은 아이의 마음을 간파하려고 하거나 잘잘못을 판정하는 것이 아니라 아이가 자신의 진심을 과격하지 않게 표현할 수 있도록 지속적인 교육과 피드백을 전달하는 것이다. 동시에 첫째와 둘째 사이의 소통에 오해가 없도록 중재자 역할을 적절하게 해내야 한다.

둘째가 첫째를 인식하면서 발생할 수 있는 문제들 (Q & A)

Q: 20개월 된 아기가 언니가 무언가 하려고만 하면 뺏으려 해요. 그러면 안 된다고 말해주고 다른 것으로 관심을 유도하려고 해도 따라오지 않아요. 아무리 말하고 기다리라고 해도 안 듣는 아이, 어떻게 해야 하나요?

A: 쉽게 주의 전환이 되는 아이가 있는가 하면, 고집스럽게 자신의 관심사를 유지하려는 아이도 있다. 이는 기질의 차이에서 비롯된 것으로, 흔히 '까다로운 기질'로 분류된 아이들이 주의 전환에 어려움을 겪는다. 쉽게 관심이 전환되지 않는다고 아이가 원하는 대로 해주면 까다로움과 고집스러움이 더욱 강해질 수 있다. 이런 아이에게 필요한 것은 부모의 인내심이다. 꾸준히 주의 전환을 시도하고 아이에게 원하는 것을 모두 손에

넣을 수는 없다는 것을 지도해야 한다.

아이가 언니의 물건을 만지면 안 되는 이유를 간단히 말해주고 대안을 제공해주자. 이 과정에는 부모의 현란한 관심 끌기 기술이 필요하다. 주의 전환이 잘 안 되는 아이는 어느 하나에 꽂히면 그것에만 온통 주의를 집중해 부모가 단조롭게 말하면 듣지 못한다. 아이가 언니의 장난감으로 돌진할 때는 몸을 잡고 아이가 부모의 표정과 말에 집중하도록 다소 흥분한 어조와 재미있는 표정을 지으며 다른 장난감이나 놀이 활동으로 이끌어야 한다. 단순히 아이의 몸을 잡고 들어 올리기만 할 게 아니라 되도록 언니와 멀리 떨어뜨려 놓거나 등을 돌리게 해 언니가 장난감을 가지고 노는 것을 볼 수 없게 해야 한다. 그래야 아이가 보다 쉽게 진정할 수 있다. 이 과정에서 아이가 격렬하게 몸을 뒤틀거나 부모를 때리면 단호한 어투로 "안돼!"라고 말하자. 그다음에 다시 새로운 활동으로 적극 유도하자. 이때 말로만 "와, 이거 재밌겠다"라고 할 게 아니라 직접 놀이 시범을 보여주어야 한다. 놀이가 진행되는 과정을 직접 확인했을 때 아이의 관심이 자연스럽게 새로운 놀이로 옮겨가기 때문이다. 아이에게 "뭐 할까?", "이거 할래?"라고 말로만 묻는 것은 아이의 짜증만 부추길 뿐이다. 아이들은 재미있는 것을 보면 금세 마음을 빼앗기므로 부모가 직접 언니의 놀이만큼 재미있는 것을 보여주면 더 이상 언니의 것을 빼앗으려 돌진하거나 떼쓰지 않는다.

Q: 아기가 누나를 너무 때리고 물어요. 머리카락을 잡아당기는 건 기본이고, 누나의 팔과 볼을 물기도 하네요. 웃으면서 하는 걸 보면 누나가 미워서 그런 것 같지는 않아요. 그래도 누나는 아기만 보면 무서운지 조금만 다가오면 "오지 마, 가!"라고 소리를 지르네요. 이럴 땐 어떻게 해주어야 할까요?

A: 어린 아기가 공격적인 행동을 하면 부모는 아직 아무것도 모르는 아기를 야단쳐봤자 소용없다는 생각에 첫째를 위로하거나 설득하는 방법을 많이 사용한다. 물론 첫째의 감정에 공감해주는 것은 꼭 필요하지만 부모가 보호해줄 수 없을 때 아이가 사용할 수 있는 방법에 대한 준비도 필요하다. 아기가 흥분해서 누나를 잡으려 할 때 소파나 의자 위로 올라가거나 아기가 흥미를 보일 만한 장난감을 건네주는 방법에 대해 알려주자. 위기감을 느낄 때 "엄마, 도와주세요!"라고 말하도록 설명해주는 것도 필수다.

이와 함께 아기에게도 공격적인 행동이 허락되지 않음을 계속해서 가르쳐주어야 한다. 아기가 사람을 물면 짐짓 심각한 표정을 지으며 손으로 X 표시를 만들거나 흔들며 "안돼! 물면 안돼!"라고 또박또박 말해주어야 한다. 자주 물거나 던지고 때리는 것을 좋아하는 아기라면 두드리고 던지고 물어도 될 만한 장난감이나 물건을 제공해주는 것도 좋다. "누나는 때리면 안돼! 때리고 치고 싶으면 이 북을 치자"라고 아기의 손을 이끌어 북을 치는 법을 보여준다. 첫째가 동생을 다치게 했을 때 사과하고 잘못을 만회하는 '보수 행동'을 유도하듯이 비록 아기일지라도 첫째에게 피해를 준 일에 사과하고 만회할 수 있도록 해야 한다. 부모는 아기의 손을 잡고 누나를 때린 볼을 어루만지게 하거나 아기의 고개를 살짝 눌러주어 "누나, 미안해!"라고 사과하는 것처럼 만들어줄 수 있다. 아기의 공격적 행동은 제대로 놀이할 줄 모르는 데서 나온 행동이 상당수이므로 아기의 흥미와 발달 수준에 맞는 장난감을 제공하고 이를 다룰 수 있는 방법을 알려주는 놀이 시간을 갖는 게 중요하다.

Q: 만 4세가 되어가는 딸아이예요. 위로 7살 오빠가 있는데요, 그래서인지 딸아이가 남자처럼 굴어요. 머리도 짧게 자르려 하고, 치마는 절대 입지 않아요. 인형에는 관심도 없고 오빠와 팽이 놀이하는 걸 제일 좋아합니다. 얼마 전에는 자기도 남자로 태어났으면 좋겠다며 울더군요. 뭐든 오빠와 같이 하고 남자아이처럼 구는 딸을 어떻게 해야 할지 모르겠어요.

A: 누군가를 닮고 싶어 하는 것을 심리학에서는 '동일시'라고 한다. 대부분의 아이들은 성장 과정에서 부모와 자신을 동일시하는 현상을 거친다. 하지만 종종 형제자매에게 동일시되는 아이도 있다. 이는 형제자매가 자신이 부러워할 만한 무언가를 가졌거나 가치 있는 특성을 지녔다고 느낄 때 일어난다.

아마도 질문자의 가정에서 오빠는 유능하고 중요한 존재이며 가족들에게 사랑을 듬뿍 받고 있을 것이다. 상대적으로 여동생은 스스로를 약하고 열등한 존재로 인식할 수 있으며, 부정적인 자아상이 아이로 하여금 '오빠처럼 멋진 존재'가 되기를 소망하는 마음으로 나타난 것이다. 아이가 오빠를 닮아 가려는 행동은 결국 아이의 낮은 자존감이 불러일으킨 셈이다. 따라서 부모는 둘째 아이의 자존감을 높여주기 위해 세심한 관심과 배려를 보여야 한다. 아무리 사소한 것이라도 둘째가 바람직한 행동을 하면 충분한 칭찬을 해주자. 아이의 자신감이 점차 쌓일 것이다. 또한 아이가 유능감과 자율성을 높일 수 있는 신체 활동 기회를 자주 제공하자. 이때는 엄마와 단둘이 놀이하거나 동성의 또래나 언니들과 편하게 어울릴 수 있는 시간을 갖는 것이 좋다. 이 과정에서 오빠만이 절대적 존재가 아니며 다른 사람과도 즐겁게 놀 수 있고 배울 만한 게 있음을 깨달을 것이다.

부모를 비롯한 성인들은 자신의 언어 습관과 가치관도 점검해볼 필요가 있다. 자신도 모르는 사이 "여자애들은", "딸은 아들과 달라서"라는 식으로 성차별적 언어를 사용하고 있지는 않은지, 혹은 남아 선호 사상이나 남성 우월주의적 생각을 하고 있지는 않은지 돌아보자. 무의식적으로 흘린 말 한마디도 아이의 자존감과 자아 정체성 확립에 큰 영향을 준다는 사실을 잊어서는 안 된다.

4 ── 싸우면서 크는 아이들

싸우지 않아도 얼마든지 자랄 수 있다

1. 무엇이 아이들을 싸우게 만들까?

동생이 TV 만화를 열중해서 보고 있는데 갑자기 형이 화면을 가로막고 우스꽝스러운 춤을 춘다. 만화를 보고 싶은 동생은 "형아, 비켜. 안 보이잖아!"라고 소리 지르지만 형은 계속 춤을 추며 "싫은데"라며 약 올린다. 화가 난 동생은 형에게 그대로 돌진하고 곧 육탄전이 벌어진다. 형은 동생이 먼저 자신을 때렸다며 동생 탓을 하고, 동생은 형이 TV를 막고 못 보게 하며 자신을 약 올렸다고 형을 탓한다. 엄마는 형에게 왜 동생이 만화 보는 것을 방해했냐며 동생이 네게 그와 같은 행동을 하면 네 기분은 좋겠냐며 타이른다. 동생에게는 아무리 속상해도 형을 때리면 되느냐고 훈계한다. 하지만 다음 날도 이와 비슷한 상황은 계속 벌어진다. 도대체 왜 이런 일이 일어나는 걸까?

형에게 왜 동생이 TV 보는 걸 방해했냐고 물으니 형이 수줍게 답한다.

"심심해서 같이 놀고 싶은데 동생이 텔레비전만 보잖아요."

사실 형은 동생을 약 올리고 싶었던 게 아니다. 그저 함께 놀고 싶었지만 놀자고 하는 방법을 알지 못했던 것이다.

유아기의 아이들은 상대에게 호감이 있어도 이를 적절한 방식으로 표현하지 못한다. 언니와 놀고 싶은 동생은 언니가 아끼는 장난감이나 연필을 들고 도망가는 것으로, 형과 놀고 싶은 동생은 형이 열심히 만들어놓은 블록을 망가트리는 것으로 관심을 끌려 한다. 동생을 예뻐하는 오빠는 괜히 동생의 머리를 잡아당기고 "바보야!"라고 약을 올리며 똥침을 놓고는 "나 잡아봐라"며 도망간다. 이렇게 아이들은 관심을 끄는 적절한 방법을 모르거나, 함께 놀자는 말 대신 엉뚱한 방법으로 상대에게 다가간다. 그리고 그 방법은 곧 싸움으로 번진다. 이처럼 아이들의 싸움은 상대를 미워하는 마음에서만 시작되는 것이 아니며, 여러가지 이유가 존재한다. 그렇다면 두 아이의 싸움이 시작되는 원리는 무엇이며, 그럴 때 부모의 역할은 무엇인지 살펴보자. 더불어 아이들이 싸우지 않고 자라는 방법은 없는지 함께 고민해보자.

삼각관계에서 시작되는 싸움

갈등 없는 관계는 없다. 부모-자녀 관계, 부부 관계, 또래 관계,

상사-부하 관계 사이에는 반드시 크고 작은 갈등이 존재한다. 형제자매 관계에 갈등이 존재하는 것 역시 당연한 일이다. 그런데 형제자매 관계는 다른 대인관계와 달리 두 아이만의 문제가 아니다. 부모가 중간에 있는 삼각관계다. 부모와 자녀의 가장 올바른 관계는 아이가 엄마와 아빠를 동등하게 사랑하고 사랑받으며, 두 사람에게서 적절한 거리를 두는 자립적인 형태다. 무엇보다 부모로부터 공평한 애정을 받으며 자라는 것이 중요하다. 그러면 형제자매 사이에 경쟁심을 가지면서도 서로를 배려하고 양보하는 건강한 관계를 유지할 수 있다.

하지만 공평 육아를 실천하는 부모는 극히 적다. 첫째 아이와 둘째 아이에게 각기 다른 애정을 보여야 하는 상황이 꽤 많기 때문이다. 부모로부터 받을 애정이 부족하다거나 형제자매에게 빼앗겼다고 생각하는 아이의 마음에는 응어리가 남는다. 내가 받을 사랑을 형이나 동생이 가져간 것 같아 억울하고 동시에 나는 사랑 받지 못하는 존재라는 자괴감도 든다. 이렇게 형제자매는 서로 경쟁하고 미워하고 질투하며 열등감에 빠진다.

종종 부모가 있을 때는 서로 잡아먹지 못해 앙숙이었던 형제자매가 부모가 없을 때는 서로 보살피며 사이좋은 우애를 보이기도 한다. 이는 서로를 미워해서가 아니라 부모의 사랑과 관심, 인정을 쟁취하려는 경쟁이 두 아이의 갈등을 불러일으켰기 때문이다. 결국 형제자매 사이의 갈등은 부모의 사랑을 두고 치열하게 경쟁하는 것이라 할 수 있다.

갈등과 경쟁이 난무한 형제자매 관계는 전반적인 인간관계에도 영향을 끼쳐 충분히 협력할 상대도 라이벌이나 약탈자라는 시선으로 바라보게 만든다. 또한 쉽게 피해 의식과 적의를 품는 부정적인 삶을 예견한다. 하지만 이러한 이유로 크게 좌절할 필요는 없다. 두 아이의 갈등과 경쟁이 원만히 해결되어 협력적인 관계를 이룬다면 서로의 사회 정서와 자기 조절력 발달에 큰 도움을 준다.

형제자매는 싫든 좋든 한 집에서 얼굴을 맞대고 살아야 하는 사이다. 그러므로 두 아이 사이에 발생한 갈등은 반드시 극복하거나 해결되어야 한다. 이 과정에서 강압적이거나 폭력적인 방식의 해결, 부모의 편파적 개입에 따른 해결은 앞으로 아이의 대인관계에 부정적인 영향을 줄 뿐이다. 섣불리 싸움을 말리려고 잘잘못을 가려 억지로 화해시키면 오히려 아이들의 억울함이 깨끗이 해소되지 않아 사이만 더 나빠질 수 있다.

형제자매 관계는 여러 발달 영역 중 '사회화' 기능을 촉진하는 기능을 지녔다. 사회화는 아이가 이 사회의 구성원으로 잘살아나가기 위한 여러 기술과 덕목을 배우는 과정이다. 형제자매는 끊임없이 상호작용을 하면서 갈등을 극복하고 문제를 해결하기 위해 협력한다. 그 결과 수준 높은 공감 능력과 문제 해결 능력을 갖추게 된다. 형제자매 사이의 경쟁은 완전히 피할 수 있는 것은 아니지만 두 아이와 삼각관계에 놓인 부모가 중간에서 얼마나 효과적으로 갈등 해결자, 타협자, 중재자로서의 역할을 하느냐에 따라 사회성을 키우는 약이 되기도 한다. 가장 가까운 사람과 잘 지내는 사람이 가정

밖의 세상 사람들과도 잘 지낼 수 있다는 사실을 잊지 말자.

다툼은 '약'이 될 수 있지만 '독'이 될 수도 있다

"넌 태어나지 말았어야 했어!"

7살 은지가 아기 인형을 뚫어지게 노려보며 한 말이다.

은지는 오랜 기간 외동아이로 지내며 부모와 할아버지 할머니의 사랑을 독차지하며 자랐다. 그리고 6살이 되던 해에 남동생이 태어났다. 지금껏 밝고 야무지게 성장한 은지가 동생 때문에 힘들어한다는 것은 누구도 예상하지 못했다. 게다가 은지는 5년간 모든 가족의 사랑을 듬뿍 받았지 않았던가! 하지만 이는 어른들의 착각이었다.

동생이 태어나고 처음 몇 개월은 은지도 의젓하게 행동하려 노력했다. 하지만 깜찍함이나 귀여움, 보호 본능을 일으키는 연약함에서 좀처럼 동생을 이길 수 없었다. 어느 날 잠에서 깨어난 은지가 일어나지 못했다. 다리가 움직이지 않는다며 버둥거리는 은지는 부모의 등에 업혀 병원을 찾았다. 부모는 어린 동생에게 신경 쓰느라 은지가 아픈 것조차 눈치채지 못했다며 자신의 우둔함을 자책했다. 걷지도 못하는 아이의 모습에 충격을 받았고 불치병에 걸린 것은 아닐까 걱정이 많았다.

검사 결과 은지는 '전환장애'였다. 이는 심리적 원인에 의해 주로

운동 신경이나 감각 기능에 이상 증세나 결함이 나타나는 정신 장애다. 주로 스트레스로 인해 나타나는 병이므로 심리치료를 하거나 스트레스의 원인을 제거해 극복해야 한다. 은지는 나를 찾아왔고 놀이 치료를 받게 되었다. 놀이 치료 첫날, 아기 인형을 노려보며 "넌 태어나지 말았어야 했어!"라고 말하는 은지는 자신의 스트레스가 무엇인지 분명하게 보여주었다.

형제자매 사이 경쟁심과 유대 관계는 매우 다양한 요인의 영향을 받는다. 자녀의 타고난 성향, 출생 순서, 부모의 양육 태도, 그리고 가족 및 타인과의 경험이 모두 복잡하게 얽혀 아이들에게 영향을 준다. 형제자매간 경쟁은 터울이 적을 때, 동성일 때, 두 아이 모두 혹은 한 아이의 지능이 상대적으로 높을 때 더욱 강하게 나타난다. 또한 이혼 가정 및 재혼 가정에서 의붓형제가 함께 살 경우 부모의 관심을 끌기 위한 방법 중 가장 두드러지는 특징도 형제간 경쟁이다. 부모의 사랑과 관심이라는 언제나 부족한 공공의 자원을 두고 일상적으로 치열하게 다투며 서로의 경쟁력을 쌓아나간다.

인간뿐 아니라 거의 모든 동물에게서도 나타난다. 심지어 일부 맹금류는 자신의 형제를 둥지 밖으로 떨어뜨려 죽게 만들기도 한다. 비정하지만 경쟁자를 제거하는 것은 자연의 현실이다. 하지만 경쟁이 무조건 나쁜 것은 아니다. 그 과정에서 협동이 이루어지기도 하는데 이는 사회화로 연결된다. 인간관계에서 도움을 주고받거나 관계를 맺는 기술을 익힐 수 있다. 하지만 경쟁이 지나치거나 부모의 사랑이 한쪽으로 편중되어 있을 경우 앞서 이야기한 은지처럼 상당히 심각한 스트레스로 이어진다. 이처럼 형제자매 사이의 경쟁은 '약'이 될 수 있지만 때로는 '독'이 되기도 한다.

영국 킹스 칼리지 런던의 사회 유전 및 발달 정신의학과 교수 주디 던의 연구에 따르면 1세 아이도 부모의 태도 차이를 알아챈다고한다. 부모가 사람을 대하는 태도를 보고 누구를 더 좋아하고 싫어하는지 알 수 있다는 것이다. 생후 18개월이 되면 가족 규칙을 이해할 수 있으며 친절하고 긍정적인 행동을 알 수 있다. 3세가 되면 보다 정교한 사회 규칙을 이해할 수 있게 되는데, 스스로를 형제자매와 비교해 평가한다. 이러한 연구 결과는 영아기의 아이가 부모의 태도를 바탕으로 자신이 사랑받고 있는지, 유능한지 여부를 판단할수 있음을 뜻한다. 따라서 부모의 평소 행동이 동생에게 더 친절하고 관대하다고 판단한 아이는 동생에 대한 시샘과 부모에게 사랑받고 싶은 마음이 뒤엉켜 아기처럼 구는 퇴행 행동을 보일 가능성이높다. 반대로 부모가 첫째에게 더 큰 애정을 쏟는다고 느낀 둘째는열등감에 첫째를 이기기 위한 과도한 경쟁심을 보인다.

형제자매 경쟁은 아동기를 거쳐 청소년기에도 여전히 이어진다. 신체적, 정서적, 지적 능력이 폭발적으로 성장하는 청소년기에 이르러서는 좀 더 교묘하고 자극적인 방식으로 서로에게 상처를 준다. 한 연구에 따르면 형제자매 사이 경쟁이 가장 치열한 시기는 10~15세라고 한다. 10대의 불안정한 심리는 부모, 또래, 형제자매 관계 모두에 영향을 미치는 것으로 보인다.

성인이 되었다고 해서 형제자매 사이에 경쟁이 사라지는 것은 아니다. 성인이 되어 사회에 진출해 회사에 다니거나 결혼하면서 두 아이는 떨어져 지내는 시간이 많아진다. 자연스럽게 교류도 줄어들 수밖에 없다. 특히 결혼으로 인한 새로운 가족 구성원의 등장은 형제자매에게 보내던 관심이나 경쟁심을 줄여주기도 하지만 새로운 갈등을 불러일으키기도 한다. 형제자매 사이의 갈등이 두 집안 사이의 갈등으로 증폭되는 것이다.

요즘에도 종종 뉴스에서 재벌 가문의 재산 싸움 소식을 확인할 때면 형제자매 사이의 경쟁은 어쩔 수 없는 인간의 본능인 것 같다는 생각도 든다. 특히 부모의 관심과 애정에 있어서만큼은 형제자매에게 양보하겠다는 마음을 쉽게 갖지 못한다. 부모로부터 충분한 애정을 받으면 생존과 번식 능력이 그만큼 향상되는 셈이다. 오랜 진화를 거치며 우리는 그렇게 적응해왔다. 따라서 부모의 관심과 사랑을 양보한다는 것은 인간의 본성을 스스로 거스르는 것과 같다.

형제자매 사이의 경쟁이 줄어드는 시기는 노년기에 접어들 무렵이다. 나이 들어 은퇴를 하면 여가 시간이 많아진다. 하지만 편하게 마음을 터놓을 사람은 그리 많지 않다. 이때 가장 믿을 만한 사람은 가족이라는 생각을 한다. 그중에서도 자신과 같은 추억거리를 가지고 있는 형제자매에게 마음을 터놓게 된다. 노인들의 대화를 엿보면 과거에 대한 회상이 대부분이다. 자식들과 어린 손자들은 그런 이야기에 별 관심도 없고 "했던 이야기를 또 한다"고 핀잔만 준다. 하지만 형제자매와는 그런 이야기를 마음껏 나눌 수 있고, 이야기를 나누는 동안에는 어린 시절로 돌아간 듯한 즐거움도 느낄수 있다. 이제야 형제자매가 경쟁자가 아닌 듬직한 동지가 되는 것이다. 60세가 넘으면 대부분은 형제자매 관계를 친밀한 사이로 생각하며 이러한 관계를 즐기게 된다.

아이들이 다투는 이유

아무리 사이좋은 형제자매라도 다툼은 존재한다. 이는 인간의 본성이기 때문이다. 인간은 기본적으로 '경쟁심', '열등감'과 같은 감정을 가졌다. 이런 부정적인 감정은 어린아이에게 더 많이 나타난다. 부모의 사랑을 듬뿍 받는 외동아이가 명절에 사촌 형제들과 있을 때 어리광이나 짜증을 부리는 모습은 사촌 간 경쟁을 하고 있음을 보여주는 것이다. 아이들이 이런 행동은 부모뿐 아니라 세상의 관심과 인정도 독차지하고 싶은 열망이 강한 까닭이다. 따라서 부모는 어느 정도의 형제자매 경쟁은 받아들이되 지나치게 심화되지 않도록 양육 태도와 환경을 조정해야 한다. 또한 긍정적인 방식으로 경쟁을 해결함으로써 두 아이의 다툼을 통해 협력과 우애를 다질 수 있도록 지도해야 한다.

형제자매의 다툼을 가져오고 경쟁을 촉발시키는 요인은 다양하다. 만일 우리가 그 원인에 대해 보다 잘 이해한다면 경쟁은 줄이고 우애를 높이는 방법을 찾아낼 수 있을 것이다.

● 기질

"난 너랑 정말 안 맞아!"

아이들의 경쟁을 부추기는 요인으로 가장 많이 거론되는 것이 바로 기질이다. 가장 큰 이혼 사유가 성격 차이인 것처럼 타고난 기질이 맞지 않는 형제자매 사이는 다툼이 잦다. 어린 아이들은 다투다가도 재미있는 놀이를 함께 하면 어느새 서운한 감정을 풀고 의기투합한다. 그런데 기질이 다르면 놀이 취향도 달라 함께 놀기도 어렵다.

가령 조용하고 섬세한 성향의 첫째와 대담하고 활동성 높은 둘째 아이는 너무 다른 기질로 다툼이 일어나기 쉽다. 첫째 아이는 놀자고 달려드는 동생이 부담스러울 수밖에 없다. 그래서 동생이 다가오기만 해도 "저리 가"라며 소리 지른다. 그럼에도 가까이 오면 옆에 있는 물건을 던지거나 동생의 몸을 밀치곤 한다. 이때 대담한 기질의 동생은 형의 명백한 거부에도 지지 않고 계속해서 자신이 원하는 것을 성취하려고 한다. 결국 두 아이의 행동은 머지않아 격렬한 몸싸움으로 이어진다. 만일 두 아이 모두 차분하고 조용한 기질이라면 오밀조밀 소꿉놀이를 하며 서로에게 둘도 없는 놀이 상대가 될 것이다. 반대로 두 아이 모두 활기차고 적극적인 기질을 가졌다면 신나게 뛰어다니고 뒹굴며 스킨십을 통해 서로를 진정한 동지로 여길 것이다.

영국 록 밴드 '오아시스'의 두 보컬 노엘 갤러거와 리암 갤러거는 형제 사이다. 형 노엘의 표현에 따르면 두 사람은 개와 고양이처럼 완전히 다른 기질을 가졌다고 한다. 조용한 성격의 노엘은 혼자 있기를 좋아하며 집에서 기타를 치고 음악을 듣는 차분한 기질이다. 반면 동생 리암은 늘 사람들의 관심을 원했다. 어떤 상황에서든 자신이 중심이 되길 바랐고 시끌벅적한 분위기를 좋아했다. 이렇듯 정반대 성향을 가진 두 형제가 한 밴드에서 활동하게 된 것이다. 밴드를 결성한 것은 동생 리암이었지만 밴드는 천재적 음악성을 가진 노엘을 중심으로 굴러갔다. 관심받기를 좋아하던 리암으로서는 참을 수 없는 상황이었다. 서로 다른 기질로 평소에도 갈등이 깊던 형제는 틈만 나면 서로를 비방했고, 지독한 '형제의 난'은 결국 밴드 해체로까지 이어졌다.

반면 〈노인을 위한 나라는 없다〉, 〈시리어스 맨〉 등 늘 새로운 작품 세계를 구축하는 영화감독인 코엔 형제는 서로 비슷한 기질을 가졌다고 한다. 형 조엘 코엔과 동생 에단 코엔은 생김새뿐 아니라 성격까지 닮았다. 소탈하고 인간적이면서도 매우 진중한 편이라는 두 형제는 평소 차분하고 무덤덤한 성격을 가졌다. 그래서일까, 큰 갈등이나 다툼 없이 영화를 만든다고 한다. 형제가 인터뷰에서 가장 듣기 싫어하는 질문은 "두 사람이 얼마나 자주 싸우냐?"는 것이다. 두 사람은 어렸을 때부터 거의 싸우지 않았으며 의견이 불일치 하는 경우도 적기 때문이다. 비슷한 성향을 가진 형제가 뭉쳐 만든 영화는 수많은 사람의 극찬을 받았으며 두 사람은 세계 최고의 형제 감독으로 평가받는다.

이처럼 기질은 형제자매 사이에서 발생하는 갈등의 정도에 큰 영향을 미친다. 한 연구에 따르면 활동량이 많은 아이는 그렇지 않은 아이에 비해 형제 갈등을 일으킬 가능성이 4배나 높다고 한다. 또 다른 연구에서는 손위 형제의 기질이 유순할 때 동생을 좀 더 돕고 달래주어 원만한 형제 관계를 이룬다고 한다.

기질은 첫째 아이가 동생의 탄생을 받아들이는 데도 영향을 미친다. 순한 기질의 아이는 새로운 환경에 대한 적응 능력이 좋은 편이다. 때문에 동생을 잘 받아들이고 아기의 탄생으로 생긴 가정 변화에도 비교적 수월하게 적응한다. 그에 비해 까다로운 기질의 아이들은 작은 변화에도 예민하게 반응해 엄마의 임신과 출산 과정에도 쉽게 적응하지 못한다. 예전의 안정적인 상태로 되돌아가려는 저항을 한다.

기질은 타고난 특성이므로 쉽게 바뀌는 영역이 아니다. 그렇다고 해서 좌절할 필요는 없다. 연구에 따르면 부모가 자녀들과 정서적, 신체적으로 강한 유대감을 유지할 때 아이의 까다로운 기질을 부드럽게 변화시킬 수 있다고 한다. 부모의 노력에 따라 형제간 기질의 차이, 혹은 까다로운 기질의 어려움을 극복하고 평화로운 형제 관계를 만들 수 있는 것이다.

● 터울과 성별

"수준과 취향이 달라!"

형제자매 간 경쟁을 부추기는 또 다른 요소는 나이 차와 성별이다. 두 아이의 나이 차이가 작을수록 경쟁과 공격성이 높다. 하지만 그만큼 친밀감도 높다. 나이 차이가 작으면 함께 시간을 공유하고 놀이할 기회가 많기 때문이다. 더 많이 붙어 있고 더 많이 놀기 때문에 싸울 일도 많지만, 우애를 다질 기회도 그만큼 많다는 뜻이다.

앞서 첫째와 둘째 사이의 가장 적절한 터울은 3세 정도라고 이야기했다. 아이가 가장 불안정한 시기를 보내는 생후 16~24개월인 '재접근기'에 동생이 생겼다면 그만큼 다툼과 경쟁도 심할 것이다. 이때 부모는 두 아이만 두는 일이 없도록 하고 항상 두 아이 사이에서 공정한 중재자 역할을 해주어야 한다. 그리고 둘째가 첫째의 놀이 상대가 될 정도로 자랐을 때 장난감이나 놀이 활동을 통해 함께 즐거움을 공유할 수 있는 환경을 만들어주자. 그 기회가 많아질수록 더욱 깊은 연대감을 갖게 될 것이다.

두 아이의 성별 역시 경쟁과 다툼에 영향을 미친다. 같은 성별의 아이들은 감정과 활동에서 유사성을 보이며 이는 함께 어울려 지낼 기회가 남매 사이보다 많다. 다만 그만큼 부딪힐 일도 많기 때문에 같은 성별일 때는 공격성도 자연히 높아진다. 특히 형제 사이의 공격성과 경쟁심은 자매 사이보다 크다. 여기에는 '부모의 비교'도 한몫한다. 남매와 달리 형제와 자매는 놀이, 공부, 취미 등의 활동 영역이 겹치거나 유사하다. 그러다 보니 부모는 자연스레 두 아이를 비교한다.

예를 들어 형제가 모두 축구를 한다면 "운동신경은 형보다 동생이 낫네"라거나 "형이 더 패스를 잘한다"라는 말로 아이들의 경쟁심을 자극한다. 또는 자매에게 같은 옷이나 액세서리를 사주고는 "노란색은 동생이 더 잘 어울리는구나", "언니가 키가 커서 그런지 이 옷이 잘 어울린다"라며 아이들의 다툼을 부추긴다.

성별이 같은 아이들은 나와 비슷하고 내 마음을 알아주는 형제자매가 있다는 사실에 위안을 느끼면서도 한편으로는 닮았기 때문에 서로를 뛰어넘고 싶다는 경쟁심과 성취감을 갈망한다. 부모는 성별이 같은 두 아이를 대할 때 절대로 비교하는 표현은 하지 말아야 한다. 그보다는 아이들 각각의 개별성을 존중해 아이의 요구에 맞춰 다르게 대해주자.

● 정체성

"난 형이 아니에요. 난 그냥 '나'예요!"

우리는 유행을 좇으면서도 똑같은 건 싫어한다. 길을 가다가 똑같은 옷을 입은 사람을 만나면 피하고, 왠지 그 옷이 싫어진다. 이는 우리가 거대한 이 세상의 일원이지만 동시에 하나의 개인적인 존재로서 인정받고 싶어 하는 마음이 있기 때문이다. 그래서 '나는 누구인가?'에 대해 깊은 사색을 하고, '내가 원하는 것'을 하며 나답게 살기 위해 노력한다. 이러한 모든 과정은 '정체성'을 확립하기 위한 것이다.

형제자매 사이 갈등을 유발하는 원인 중 상당 부분이 정체성에 있다. 부모는 주로 한 아이에게 기준을 맞춰놓고 옳고 그름, 좋고 나쁨, 잘함과 못함을 판단한다. "형처럼 해야지", "동생 좀 봐"라는 습관처럼 튀어나오는 말에는 아이의 정체성을 잃게 만드는 힘이 있다.

자신의 정체성이 공격받는다고 느끼는 아이는 스스로 정체성을 드러내기 위해 비교당하는 형제자매와는 다르다는 것을 보여주려 애쓴다. 형과 다른 생각, 언니와 다른 외모, 누나와 다른 감정, 오빠와 다른 취미, 동생과 다른 역할을 표현하며 자신의 정체성을 지키려는 것이다. 다만 아직 인지적, 사회적 기술이 부족한 탓에 고집을 부리거나 형제자매와 싸우기도 한다. 그리고 부모의 말에 반대로 행동함으로써 자신이 개성 있는 존재라는 것을 드러낸다. 나름 아이의 틀 안에서 나는 다르다는 방식을 보여줄 수 있는 최선의 방법인 셈이다.

문제는 부모가 아이의 기질이나 취향은 무시한 채, 정체성을 드러내는 아이의 행동을 잘못으로 판단할 때 일어난다. 자신의 어필이 잘 받아들여지지 않은 아이는 심각한 일탈이나 비행과 같은 극단적인 방식을 선택할 수도 있다.

첫째 아이는 순하고 말을 잘 들어서 힘들지 않게 키웠는데 그에 반해 둘째 아이는 까다롭고 고집이 세다며 힘들어하거나 혼내는 부모가 있다. 심지어는 둘째 아이에게 문제가 있는 것은 아닌지 염려하기도 한다. 걱정할 필요 없다. 아이는 자기의 정체성에 따라 표현하고 있는 것이다. 아이마다 타고난 정체성이 다르니 첫째를 키운 방식이 둘째에게는 맞지 않을 수 있다. 아이가 싫어하고 반항하거나 다른 형제자매와 달리 부모에게 좀 더 많은 것을 요구한다면 그만큼 채워주자. 그래야 아이는 안정감을 얻는다. '큰아이와는 다르

네'라고 생각하기 전에 아이 고유의 정체성과 개성이 무엇인지 살펴
보자.

● 불공평

"왜 나한테만 그래?"

아이들을 상담할 때 형제자매와 관련해 가장 많이 듣는 말은 "나
만 혼내요", "나만 미워해요"다. 특히 첫째 아이들이 이런 말을 많이
한다.

"동생은 봐주면서 나한테만 뭐라고 해요!"

"동생은 말로만 야단치고, 나는 벌을 세워요!"

"동생은 어리다고 봐주래요. 나보고만 참으래요."

"엄마가 동생도 혼내줬으면 좋겠어요!"

"엄마는 동생한테 말할 때와 나한테 말할 때 목소리가 완전 달라
요. 동생한테는 '그랬쪄요'라고 상냥하게 말하고 나한테는 '하지 말
랬지'라며 소리쳐요!"

동생들도 할 말이 있다.

"엄마는 내 말은 안 듣고 형 말만 들어요!"

"오빠한테 대드는 동생은 무조건 나쁜 거래요."

"언니는 맨날 새것 쓰고, 난 언니가 쓰던 것만 써요."

똑같이 사랑스러운 아이들이지만 때로는 한 아이에게 더 손길이
가고 신경 쓰게 되는 경우도 있다. 자신과 닮았거나 아이가 기대에
부응했을 때는 좀 더 적극적으로 애정을 표현하게 된다. 반대로 한

아이에게 유독 엄격하거나 무관심해지기도 한다. 부모의 마음을 모르는 아이는 애정의 차이로 인해 마음에 상처를 입는다.

돌 즈음만 되어도 아이들은 부모의 태도를 관찰하면서 누구에게 좀 더 엄격하고 관대한지 알 수 있다. 아이들은 부모의 관심, 반응, 훈육 방식이 형제자매에 따라 다르다고 생각될 때 부모에게 서운함과 분노를 느낀다. 하지만 아이들은 차별에서 오는 부정적인 감정을 부모에게 직접 표현하는 것에는 주저한다. 자신에게 부모는 생존을 위해 절대적으로 필요한 존재이며, 무엇보다 부모의 사랑과 관심을 받는 것이 가장 중요하기 때문이다.

그렇다면 마음에 쌓인 분노와 서운함은 어떻게 해결할까? 부모를 대신할 새로운 목표물을 찾는다. 그리고 가장 완벽한 타깃을 발견한다. 바로 형제자매다. 아이는 형제자매와의 다툼을 통해 부정적 감정을 해소하려 한다. 동시에 형제자매가 없었다면 엄마 아빠의 차별도 없었을 것이라며 모든 문제의 근원은 형제자매이고, 그런 나쁜 존재에게 화내고 때려도 괜찮다는 그럴듯한 합리화까지 하고 만다. 부모가 의도하지 않아도 아이가 불공평을 느낀다면 그에 따른 서운함과 원망은 고스란히 형제자매에게로 옮겨간다. 그 결과 두 아이 사이에 치열한 경쟁과 다툼이 벌어지는 것이다. 두 아이가 자주 다툰다면 부모의 사랑이 자녀에게 공평하게 표현되는지 살펴볼 필요가 있다.

● 사랑의 위협

"더 이상 날 사랑하지 않나요?"

엄마가 첫째 아이에게 동생이 생겼다는 소식을 알리기도 전부터 '아우 타기' 행동을 하는 경우가 있다. 갑자기 아기처럼 굴거나 엄마와 한시도 떨어지지 않으려 하는 것이다. 때로는 엄마가 아직 임신 사실을 모르는 상황에서 아이가 먼저 아우 타기를 통해 동생이 생긴다는 조짐을 보이기도 한다. 마치 지진이 발생하기 전에 개미 떼가 출몰하거나 개구리가 대이동을 하는 것과 같은 수준이다. 아이에게 새로운 아기의 등장은 지진이 일어날 만큼 커다란 지각 변동을 예상하는 큰 사건인 것이다.

인간의 시기와 질투, 그리고 독점욕은 어린아이에게도 존재한다. 특히나 작고 연약하며 귀엽기까지 한 새로운 가족이 어른들의 관심을 독차지하는 상황은 위협적일 수밖에 없다. 만일 아이가 동생이 태어나기 전에 충분히 자율성을 획득하지 못해 부모에게 신체적, 심리적으로 상당히 의존하고 있다면 동생의 탄생은 실질적 위협으로 다가올 것이다. 아이들은 생존을 위해 본능적으로 공격성을 보이고 퇴행 행동을 한다.

종종 동생이 태어나기 전부터 갈등을 경험하는 아이도 있다. 엄마의 입덧이 심하거나 임신중독증, 유산 등의 위험으로 치료를 받으며 아이와 격리되거나 아이를 제대로 돌볼 수 없게 되었을 때 아이들은 배 속의 동생에 대해 적대감을 느낀다. 부모나 주변에서 "엄마 배 속에 동생 있어서 이제 안아달라고 하면 안 돼", "곧 동생이 생기니까 지금보다 의젓하게 행동해야지"라고 말하는 것도 아이에게 위협이 된다. 동생이 부모와 자신을 갈라놓고, 내가 받아야 할 사랑을 빼앗아 나를 힘들게 만드는 위협적인 존재라는 인식만 심어줄 뿐이다. 동생이 태어나도 부모나 주변 사람들로부터 여전히 관심과 사랑받고 있다고 느낀다면 아이는 동생을 자신을 위협하는 존재가 아니라 자신이 보호해줘야 하는 존재로 여길 것이다. 작은 행동이라도 놓치지 말고 칭찬과 애정을 표현해 아이가 부모에게 여전히 사랑받고 있음을 느끼게 해주자.

● 미숙함

"아직 어리니까, 방법을 모르니까."

유아기의 형제자매는 신체적 싸움이 잦다. 언어 능력이 충분히 발달하지 않아 갈등이 생겼을 때 말로 다투기 어려운 데다 자기 중심성도 높아 상대의 말을 귀담아듣거나 처지를 이해하지 못하기 때문이다. 두 아이 모두 자신의 생각만 일방적으로 주장하니 대화를 통한 타협이 이루어지기는커녕 갈등만 더욱 심화되고 결국 주먹이 나가고 만다.

부모의 중재로 타협에 이르는 것도 잠시, 잘 지내는 것 같다가도 비슷한 일로 또다시 다투는 게 유아기의 아이들이다. 그럴 때마다 부모의 마음은 무너지고 인내심에 한계도 느끼지만 유아기의 발달 능력을 고려하면 그리 놀라운 일도 아니다. 유아기에는 기억력, 주의력, 문제 해결력, 자기 조절력이 모두 미숙하기 때문에 같은 잘못을 반복할 가능성이 높다. 새로운 갈등 상황이 발생했을 때는 해결 방법을 모르므로 두 아이가 스스로 문제를 해결하는 것을 기대하기 어렵다. 결과적으로 쉽게 충돌하는 유아기에 형제자매 사이의 싸움은 필연적인 것이므로, 아이들이 상황을 이해하고 해결할 것이라는 기대를 가지지 않는 것이 좋다. 그럼에도 유독 자주 다투는 형제자매가 있다면 아이들을 나무라기 전에 부모의 관리와 중재가 적절하게 이루어졌는지를 돌아봐야 한다.

그렇다면 충분히 발달한 사춘기의 형제자매는 왜 서로를 못 잡아먹어서 안달일까? 사춘기는 '제2의 유아기'라고도 불린다. 사춘기의 여러 심리적 특성이 유아기의 특성과 유사하기 때문에 붙여진 말이다. 이 시기의 아이들은 유아기처럼 감정 기복이 심하고 자기중심성도 매우 높다. 말이 안 통하는 것은 물론이요, 반항기도 가득하다. 사춘기의 급격한 호르몬 변화와 신체 성장은 아이들을 감정적으로 예민하고 불안정하게 만든다. 그에 따라 자연스럽게 형제자매 사이의 갈등도 많아진다. 다행히 이 시기가 지나가면 아이들은 신체적, 심리적으로 한층 성숙해지면서 다툼과 경쟁도 줄어들 것이다.

● 생리적 불편감

"배고프고 졸린데 왜 자꾸 날 건드려!"

배가 고프면 신경이 날카로워지는 사람이 있다. 이때 아이가 물을 엎지르거나 방을 어지럽힌 것을 발견하면 평소보다 강하게 꾸중하게 된다. 여성의 경우 생리를 시작하거나 그 직전에 유난히 짜증이 많아져 평소라면 그냥 넘어갈 일도 부부싸움으로 번지기도 한다. 이는 모두 생리적 불편감 때문에 발생한 것이다.

아이들 역시 생리적 불편감을 다툼이나 대립으로 풀어낸다. 배고플 때, 심심할 때, 피곤하거나 졸릴 때 아이들이 유난히 티격태격하는 것도 이 때문이다. 이럴 때 아이를 붙잡고 부모가 잘잘못을 따지거나 싸움 자체에 초점을 두면 두 아이의 갈등은 더욱 커진다. 그보다는 아이의 생리적 불편을 해소시키는 것이 우선되어야 한다. 서로 미워서 싸웠다기보다 생리적 불편함으로 신경이 날카로워진 것이다. 피곤하거나 졸린 아이는 쉴 수 있게 자리를 마련해주고, 심심해하는 아이에게는 놀 거리를 찾아주며, 배고픈 아이의 허기를 채워주자.

● 가족 역동

"다른 애들은 괜찮은데, 늘 네가 문제야!"

예전에 5남매가 상담을 의뢰해왔다. 넷째 아이가 유난히 형제자매와 어울리지 못한다는 고민이었다. 아이들의 행동을 살펴보니 위의 세 아이는 넷째에게 아무렇지 않게 욕을 했고, 심지어 어린 막내까지 툭툭 치며 놀리곤 했다. 참다못한 넷째가 동생에게 꿀밤을 먹이자 울면서 위의 세 형에게 달려가 일렀고 곧바로 네 아이가 넷째를 향해 폭력을 행사했다.

가정환경을 들어보니 넷째가 두 돌즈음 막내가 태어났고, 얼마 지나지 않아 급성 혈액암으로 엄마가 세상을 떠났다고 했다. 유난히 엄마의 사랑을 갈구하던 넷째는 엄마가 병원에 입원한 동안 자신을 돌봐주던 할머니에게 칭얼대며 힘들게 했다고 한다. 엄마가 세상을 뜬 뒤 졸지에 엄마 역할을 하게 된 할머니는 엄마 젖도 제대로 빨지 못한 막내가 불쌍해 극진히 돌봤다.

제법 큰 첫째, 둘째, 셋째 아이는 눈치가 빨라 할머니 일을 도우며 칭찬을 듣거나 용돈을 받곤 했다. 하지만 어린이집에 적응하지 못한 넷째 때문에 할머니는 두 아이를 함께 돌봐야 했다. 한창 사랑받을 시기에 엄마를 잃은 넷째를 아빠도 안쓰러워했지만 다섯 아이를 키우려면 일이 먼저였다. 게다가 할머니는 하루가 멀다고 퇴근한 아빠를 붙잡고 넷째 때문에 얼마나 힘든 하루를 보냈는지 하소연하기 일쑤였다. 당장 할머니가 없으면 아이들을 봐줄 사람이 없어 아빠는 하는 수없이 할머니가 보는 앞에서 넷째를 크게 나무란 적도 여러 차례였다. 어느새 넷째는 집안의 천덕꾸러기가 되었고 남은 네 아이가 넷째를 무시하며 괴롭히는 것이 일상이 되었다.

이 경우는 가족 역동성이 낮은 사례라 할 수 있다. 가족은 구성원이 각자의 역할을 가진 동시에 서로에게 의존할 수 있는 역동적인 집단이다. 각각의 구성원이 가진 역할과 힘에 따라 가족 관계도 변화한다. 가족 구성원의 힘이 불균형하면 가족 역동성이 낮아지는데, 이런 가정에서 자란 아이는 자아존중감이 낮고 공격적인 성향을 보인다. 출생 순서, 가족 내 역할, 성별, 발달 상태 등에 따라 적절한 역할이 주어지고 그에 따른 힘을 가져야 하는데 5남매는 넷째 아이를 문제아로 취급하며 가족 역동성이 무너지고 있었다.

아직 인간관계를 맺는 데 서툰 아이들은 힘이 있거나 중요한 사람의 대인관계를 그대로 따르는 경향을 보인다. 5남매처럼 할머니나 아빠가 넷째를 함부로 대하는 모습을 본 아이들은 그 방법을 그대로 따라 하면서 넷째를 괴롭혔다. 이를 견디지 못한 넷째가 폭력으로 대응하면서 아이들 사이에 빈번한 다툼이 일어난 것이다.

부모가 아이들에게 공평한 애정과 관심을 보내는 것은 균형적인 가족 역동성을 위한 방법이기도 하다. 한 아이를 특별하게 대하면 질투와 경쟁에 따른 다툼을 불러오며, 반대로 한 아이를 문제아 취급하면 형제자매도 덩달아 괴롭히고 무시한다. 이는 매우 위험하다. 부모의 행동을 따라 하던 아이들의 행동이 자칫하면 형제자매 사이의 경쟁에 따른 단순한 갈등을 넘어 학대로 발전할 수 있기 때문이다.

● **가족 친밀감의 부재**

"눈에서 멀어지면 마음에서 멀어진다."

열정적으로 사랑했던 연인도 오랫동안 떨어져 지내면 자연스레 사랑이 식는다. 가족 역시 마찬가지다. 함께하는 시간이 적을수록 경험과 감정을 공유할 수 없기 때문에 관계가 소원해지기 쉽다. 얼마나 오랜 시간 많은 가치를 공유하며 공통적인 감정을 쌓았느냐에 따라 가족 사이의 친밀감이 형성되고 끈끈해진다.

영국의 왕위 계승 1위인 찰스 왕세자가 겨우 4살이 되었을 때 그의 어머니이자 영국 여왕인 엘리자베스 2세는 6개월간의 해외 순방을 떠났다. 그동안 그를 돌봐준 것은 보모였다. 6개월 뒤 순방을 마치고 귀국한 여왕은 코트 차림의 꼬마 신사인 아들과의 오랜만의 재회에서 포옹이 아닌 악수를 했다. 모자 사이인 두 사람의 관계에 애착이 그다지 형성되지 않았다는 사실을 보여주는 것이다. 실제로 찰스 왕세자는 어머니보다 보모와 더 끈끈한 애착 관계를 형성한 것으로 알려졌다. 고민을 상담하거나 슬픈 일이 있을 때면 보모와 함께 시간을 보내며 이겨냈다. 놀라운 것은 다이애나 왕세자빈이 사고로 사망한 뒤 그가 재혼한 커밀라 파커 볼스라는 여성의 외모다. 그녀의 모습은 찰스 왕세자가 어린 시절 애착 관계를 형성한 보모와 매우 닮아 있었다. 아마도 찰스 왕세자는 가족의 친밀감을 자신의 부모가 아닌 보모에게서 찾은 듯하다. 그리고 그 기억이 이성을 선택하는 기준에 영향을 끼친 것은 아닐까? 재미있는 사실은 찰스의 아들인 윌리엄 왕자 역시 어린 시절의 보모와 상당히 닮은 여성을 아내로 선택했다는 것이다. 어린 나이에 엄마를 잃어 가족 친밀감이 부족한 그에게 엄마를 대신한 보모는 가족 이상이었을 것이다. 이처럼 가족 친밀감은 우리 삶에 큰 영향을 미친다.

가족 친밀감은 태어나는 순간부터 형성된다. 갓 태어난 아기들은 계속해서 엄마의 동공을 살피면서 자신에 대한 엄마의 관심과 심리 상태를 확인한다. 엄마의 동공이 확장하면 아기도 함께 기뻐하고, 엄마의 동공이 수축하면 함께 불안해하며 스트레스를 받는다. 아기가 이러한 행동을 반복하는 것은 엄마의 행복을 통해 안정을 느끼기 때문이다. 갓난아기는 이렇게 보이지 않는 방식으로 부모의 정서를 확인하면서 친밀감을 쌓는다. 시간이 흘러 몸짓, 손짓, 그리고 언어를 통해 부모와 아이는 계속해서 유대감을 형성한다. 마찬가지로 형제자매 사이 역시 같은 세대라는 공통점과 가족이 함께 한 경험을 바탕으로 더욱 돈독한 유대감을 만들어나간다.

그런데 아이와의 눈 맞춤이나 스킨십이 부족하고 가족이 함께 즐거운 시간이나 활동, 경험을 하지 않는다면 친밀감이 형성되기 어렵다. 부모와 아이뿐 아니라 형제자매 사이의 유대감 역시 적을 수밖에 없으며 자연스레 아이들 사이의 갈등과 다툼이 늘어난다. 종종 형제자매 사이에 다툼이 일어났을 때 두 아이의 공간을 분리해 함께 놀지 못하도록 하는 경우가 있다. 눈만 마주쳐도 싸우는 아이들이기에 아예 싸움이 될 만한 원인을 없애버리겠다는 전략이다. 하지만 이는 매우 위험한 생각이다.

서로를 이해하고 함께 즐거움과 어려움을 나눴던 경험이 적으면 아무리 피를 나눈 형제라도 남과 다를 바 없다. 같은 시공간을 공유하며 즐겁고 긍정적인 경험을 나누지 못한 형제자매는 서로를 내 영역을 침범한, 그래서 내쫓아야 하는 적으로 여긴다. 이런 아이들이 성장해 힘이 세지면 서로에 대해 자비와 동정심, 공감을 갖지 못한 채 맹렬히 다투게 되고, 늙은 부모는 이를 말릴만한 힘도 없고 방법도 모른다. 사이가 좋지 않은 형제자매는 무조건 떼어놓는 것이 아니라 이들이 함께 즐길 수 있는 놀이와 활동을 제공해주는 것이 더 나은 전략이다.

● 스트레스

"무엇이 나를 미치게 만드는가!"

스트레스는 만병의 근원이지만 모든 갈등의 시작이기도 하다. 스트레스를 받으면 생리적으로는 두통, 불면증, 식욕 부진, 위장 장애 등을 겪기 쉽고 심리적으로는 분노, 불안, 피로, 우울감, 무기력, 집중력 저하 등을 경험한다. 그리고 과잉 반응, 충동적 행동 등이 나타난다.

때문에 부모의 삶이 스트레스로 가득 차 있으면 자녀 사이에 갈등이 발생했을 때 적절히 대응하지 못한다. 또한 아이들에게 자주 화를 내거나 우울해하는 모습을 보이기도 한다. 부모의 스트레스는 아이들에게 고스란히 전해져 아이들도 함께 스트레스에 시달리게 된다. 실제로 많은 연구 결과가 잦은 부부 싸움은 아이들에게 심한 스트레스를 주며, 부부 간 갈등이 지속되면 형제자매 사이는 물론 또래 관계도 적대적이고 공격적인 상호작용을 할 가능성이 높다고 경고한다.

부모의 스트레스 외에도 아이들이 스트레스를 겪는 원인은 다양하다. 유치원이나 학교에서의 부적응, 또래 관계, 학습, 질병 등은 크고 작은 스트레스를 준다. 아이가 감당할 수 있는 수준을 넘어서거나 장기화 된 스트레스는 신경을 날카롭게 만들고 불안과 우울함을 가져온다. 이는 곧 형제자매 사이에도 작용해 사소한 일도 커다란 다툼으로 이어지게 만든다.

● 양육 태도

"엄마는 왜 형만 좋아해?"

형제자매 사이의 갈등을 해결하는 가장 큰 열쇠는 부모가 쥐고 있다. 아이들의 싸움과 갈등이 일어나는 원인을 전혀 알지 못하는 부모, 이유는 알지만 해결 방법을 모르는 부모는 형제자매 사이의 갈등을 더욱 깊어지게 만든다.

다툼이 심한 형제를 둔 엄마가 상담을 요청해왔다. 그녀는 첫째가 둘째에게 엄마의 사랑을 뺏겼다고 생각해 동생을 안거나 돌봐주려고 하면 달려와 때린다고 판단했다. 이대로 두었다가는 두 아이의 전쟁이 끝나지 않을 것이라 생각한 엄마는 가능한 둘째를 안아주지 않았고 첫째가 보는 앞에서는 절대로 칭찬하지도 않았다. 그래서일까. 첫째가 동생을 공격하는 일이 줄었다. 그런데 또 다른 문제가 발생했다. 이번에는 둘째가 형이 하는 모든 것을 방해하고 괴롭히기 시작한 것이다. 둘째의 잘못된 행동을 지적하면 "엄마는 형만 좋아하잖아"라고 외친다고 호소했다.

그녀가 갈등 해결에 실패한 이유는 두 아이 사이의 갈등이 일어나는 원인은 알았지만 올바른 해결 방법을 제시하지 못했기 때문이다. 우선 가장 큰 문제는 둘째 아이의 행동을 중심으로 혼내는 비합리적인 양육 태도다. 이런 상황에서 첫째는 부모가 무조건 자신의 편이며 경쟁자인 동생을 이겼다는 생각에 동생을 무시한다. 반면 둘째는 모든 잘못은 자신이 도맡아 혼난다는 생각에 불만을 갖고 첫째가 하는 모든 일을 방해하고 싶어진다. 이로 인해 두 아이의 관계는 나빠질 수밖에 없다.

형제의 엄마는 첫째의 질투심을 막기 위해 둘째를 돌봐주지 않는 방법 대신 다른 방법으로 첫째에게 엄마의 애정과 관심을 전달해야 한다. 울고 있는 둘째를 보며 첫째에게 "지후야, 동생이 우나 봐. 무슨 일이 있는지 우리 가보자. 우리 지후는 아기 때 기저귀가 축축하면 저렇게 울었는데 동생도 쉬야를 한 걸까?"라며 첫째의 손을 잡고 동생에게 가면서 두 아이 모두에게 관심을 보이는 것이다. 둘째가 잘 시간이 되면 첫째는 엄마 옆에 앉히고 둘째는 안아서 동화책을 읽어주면 된다. 그리고 엄마가 둘째를 돌보는 동안 기다려주고 협력해준 첫째에게 칭찬과 고마움을 표현하자. 첫째는 엄마의 사랑이 단순히 안아주고, 젖을 물리고, 뽀뽀해주는 것만이 아님을 알게 될 것이다.

첫째와 둘째의 연령에 따라 각기 다른 양육이 필요하겠지만 큰 틀 안에서는 동일하고 일관성 있는 양육 태도를 유지해야 한다. 특히 아이들에게 사랑과 관심을 표현하는 부분에 있어서만은 차별이나 편견을 가져서는 안 된다. 혼낼 때 역시 두 아이 모두에게 적용되는 정확한 기준을 가지고 대한다. 애정의 색깔이 다른 것은 인정하되, 공평하게 육아해야 한다는 것이다. 부모의 양육 태도가 일관성을 가진다면 아이들은 상황에 따라 어떻게 행동해야 하는지 나만의 기준을 세우며 자칫 형제자매 사이에 갈등이나 다툼을 유발할 상황에서도 선을 넘지 않으려 노력한다.

아이들의 다툼, 경쟁인가 학대인가

자녀의 다툼과 갈등이 단순한 형제자매 사이의 경쟁 수준을 넘어선 경우도 있다. 이때는 형제간 학대를 의심해야 한다. 형제간 학대는 다음과 같은 몇 가지 특성을 보인다.

첫째, 아이들 사이의 갈등이 지속해서 나타난다.

경쟁은 특정 사건이나 상황에 국한돼 나타나는 것이 일반적이다. 특히 아이들의 경우 장난감이나 음식, 엄마의 애정을 둔 갈등이 대부분이다. 때문에 갈등을 유발한 상황이 해결되거나 종료되면 형제자매는 다시 즐겁게 놀고 의기투합한다. 그런데 형제간 학대는 아이들 사이의 갈등과 다툼이 지속적인 패턴을 보인다. 아동기, 청소년기, 청년기 등 다양한 발단 단계를 거치는 동안 괴롭히는 방식은 바뀌었지만 여전히 형제자매에 대한 공격과 적개심을 지닌다면 형제간 학대를 의심해볼 필요가 있다.

둘째, 한쪽이 일방적으로 당한다.

경쟁은 관계가 상호적일 때 일어난다. 학대는 가해자와 피해자가 존재하는 서열적 관계다. 즉 힘의 불균형이 있을 때 학대가 발생한다. 형제자매 사이에서 어느 한쪽이 일방적으로 상대를 괴롭히는 것을 '경쟁'이라고 보기는 어렵다.

셋째, '상대를 지배하는 것'이 형제를 괴롭히는 행동의 목적이다.

대부분의 형제자매는 맘에 드는 장난감이나 부모의 관심을 독차지하기 위해 다툰다. 반면 형제간 학대는 상대를 지배하고 수치심과 당혹감을 느끼게 하는 데 주된 목적이 있다.

　형제간 학대는 가해자와 피해자 모두에게 부정적 사고와 행동을 불러일으킨다. 따라서 형제자매 사이에 다툼과 갈등이 빈번히 발생한다면 두 아이의 관계 구도와 행동을 자세히 관찰해야 한다. 안타깝게도 형제자매 사이의 학대는 부모의 암묵적 승인 아래 이루어지는 경우가 많다. 유난히 까다로운 아이, 발달이 지연된 아이, 눈치가 없는 아이의 양육을 버거워한 부모가 '저 아이는 야단맞아도 마땅하다'라는 이미지를 다른 형제자매에게 전달한 결과다. 이렇듯 가족의 암묵적 동의 속에 그 아이는 가족의 희생양이 되고 만다.

2. 아이들이 잘 다투는 가정의 특징

　중 3과 고 2 형제를 키우는 은정 씨는 여름방학이 시작하자마자 큰아들을 미국 어학연수 캠프에 보냈다. 가정형편이 넉넉하지 않지만 이렇게라도 아이들을 떼어놓지 않으면 끔찍한 일이 벌어질지도 모른다는 두려움 때문이다. 어릴 때부터 티격태격하던 아이들은 사춘기에 들어서자 말리는 엄마를 밀쳐내고 격하게 싸우는 일이 잦아졌다. 두려움에 가득 찬 엄마는 형제가 싸우는 모습을 쳐다볼 수밖에 없었다. 은정 씨는 아이들이 예닐곱 살이었을 시절만 해도 이런 상황이 펼쳐질 것을 상상조차 하지 못했다고 했다. 상담 센터를 찾은 그녀는 흐느껴 울며 아이들을 위해 아무것도 해주지 않았던 자신의 과거를 자책했고, 이제는 아무것도 해줄 수 없는 자신의 모습에 무력감을 느꼈다.

　형제자매 관계 연구자들은 자녀의 다툼을 자연스러운 성장 과정으로만 보지 않고 보다 섬세하게 주의를 기울여야 한다고 경고한다. 앞서 두 아이 사이의 갈등에 영향을 미치는 다양한 요인에 대해 알아보았다. 하지만 형제자매 문제를 해결하는 방안은 하나의 결과에 이른다. 바로 '부모의 양육 태도'다. 까다로운 기질을 가진 아이를 키운다는 것, 연년생 형제자매를 보살핀다는 것은 부모에게 쉽지 않은 도전이다. 하지만 부모의 양육 태도를 통해 극복할 수 있다. 불공평하거나 불안정한 가족 역동으로 생긴 문제 역시 부모의 양육 태도에 따라 변화가 가능하다. 아이들의 미숙함에서 발생한 갈등 또한 부모의 지도로 개선할 수 있다. 결국 좋은 형제자매 관계는 민감하게 자녀를 관찰하고 관심을 보이며 아이들과 애정적이고 깊이 있는 유대감을 형성하는 부모에게서 나온다. 이는 곧 갈등을 평화적으로 해결할 수 있는 능력을 지닌 것과 같기 때문이다.

둘 이상의 아이가 있는 가정에서는 늘 크고 작은 사건들이 발생한다. 하지만 유독 경쟁이나 갈등이 심한 가정이 있다. 이들 가정은 몇 가지 공통점을 지니는데 모두 부모의 양육 태도와 연관이 있다.

싸움을 이해하지 못하는 부모

아이들의 싸움을 이해하고 해결하기보다 무조건 멈추려는 부모가 있다. 장난감을 두고 싸우는 아이들에게 다가가 장난감을 뺏어버리는 엄마, 말다툼을 하거나 몸싸움을 하는 아이들을 각자의 방으로 격려하는 아빠, 싸움이 시작되면 무조건 손들고 벌을 세우는 부모, "모르겠다. 니들이 알아서 해결해!"라며 방으로 들어가 버리는 가족. 이런 대처는 '싸움'이라는 급한 불을 끄는 데만 급급해 가장 밑에 숨어 있는 강력한 불씨인 '싸움의 원인'은 보지도 못한 채 덮어두는 것과 같다.

불씨가 살아 있는 한 아이들은 늘 같은 이유를 가지고 같은 방식으로 싸울 것이다. 그때마다 부모는 마찬가지로 화를 내고, 벌을 세우고, 내버려 둘 것이다. 만일 아이들의 다툼이 사소한 범위에서 일어난다면 부모가 일일이 관여하지 않고 스스로 해결하도록 놔두는 것이 좋다. 두 아이가 적극적으로 문제를 해결하면서 자립하는 방법을 배울 수 있다. 아이의 성장을 인정하며 지켜보는 것은 부모의 중요한 역할 중 하나다. 하지만 아이들이 해결할 수 없는 수준의 싸움이나 같은 패턴의 싸움이 반복된다면 절대 지켜보기만 해서는 안 된다. 이때는 싸움을 중재하기보다 싸움의 원인을 찾아 해결해주는 사회자 역할을 해야 한다. 두 아이의 욕구가 무엇인지, 왜 그것이 충족되지 않았는지, 어떤 것이 아이들을 화나게 했는지 이해하는 것이다. 그다음에는 아이들의 마음을 헤아려준다. 아이들의 기분이 어떠한지, 어떻게 하고 싶은지 물어보며 속마음을 말할 기회를 주며 아이들의 기분을 알아주는 것이다. 두 아이 모두 나름대로 일리 있는 주장을 할 것이다. 이제 부모는 갈등을 일으킨 원인을 정리해서 말해주고 아이들에게 문제가 무엇인지 분명히 알려주어야 한다. 이 과정에서 아이들은 상대의 입장을 알게 되면서 조금씩 서로를 이해하기 시작한다. 그럼에도 질투나 분노 등의 감정이 해소되지 않았다면 함께 해결책을 찾아야 한다.

아이들의 싸움에 지쳐 억지로 화해시키거나 무관심으로 대응하는 것은 결코 문제를 해결하지 못한다. 두 아이의 마음을 들여다보려는 노력과 싸움의 원인이 되는 불씨를 완벽히 꺼뜨리려는 적극적인 태도가 갈등을 해결해줄 것이다.

신체적 공격만 제한하는 부모

형제자매 사이의 신체적인 공격은 엄격히 금지하지만 언어적 논쟁이나 정서적 괴롭힘은 허용하는 가정이 있다. 이런 경우 아이들 사이의 갈등은 매우 교묘한 방식으로 지속된다. 동생을 때리지는 않아도 약 올리거나 말싸움을 벌이는 정신적 공격이 끊임없이 일어나는 것이다. 하지만 때로는 신체적 공격보다 정신적 공격이 아이에게 더 큰 스트레스와 상처를 가져다 준다. 실제로 성장하면서 형제자매 사이의 갈등은 신체적인 것에서 언어적, 정서적인 것으로 옮겨간다. 자녀들이 나쁜 별명을 부르거나 비난, 무시하는 말투, 약 올리기 등의 언어적 공격을 못 본 척 넘어가지 말자. 때로는 눈에 보이는 상처보다 보이지 않는 상처가 더 깊고 아프다.

갈등을 완벽히 해결하지 않는 부모

아이들의 싸움을 제대로 해결하지 않은 채 임기응변으로 대처하거나 시간이 해결해줄 것이라고 넘기면 갈등이 쌓이고 쌓여 흘러넘치고 만다. 3시간 전의 싸움이 해결되기도 전에 새로운 싸움이 시작되고, 어제와 똑같은 문제로 오늘 또 싸우는 아이들. 비록 싸움의 정도가 강하지 않고, 싸움의 이유가 사소하다고 해도 하루 종일 싸우며 부모에게 야단과 잔소리를 듣다 보면 마치 적금통장처럼 형제자매 사이의 갈등과 적대감은 이자까지 붙어 커지고 강해진다. 이렇게 쌓인 갈등과 적대감은 툭 건드리기만 해도 터진다.

사소한 일로 격렬하게 싸우는 아이들의 모습에는 이러한 배경이 존재한다. 그럼에도 "너희들은 왜 만나기만 하면 싸우니?", "또 싸워? 정말 지겹다, 지겨워!"라고 말하는 부모의 모습에 아이들은 동생이나 형의 얼굴만 봐도 짜증이 나고 '너와는 절대 타협할 수 없고 문제 해결도 불가능해!'라는 신념만 굳어질 뿐이다. 이런 싸움의 뒷면에는 해결되지 않은 상처와 갈등이 숨어 있다. 그것은 우리의 집중력과 평안을 흩뜨린다. 그러므로 시간이 걸리더라도 갈등과 논쟁은 테이블 위에 올려놓고 해결하려는 집요함이 필요하다.

5 —— 어제도 싸우고, 오늘도 싸운다

형제 간 다툼에 대처하는 부모의 자세

1. 두 아이 사이에서
   부모가 가져야 할 원칙

　이제부터 자녀들의 경쟁과 갈등을 해결하기 위한 방법과 전략에 대해 알아보자. 그 전에 반드시 전제되어야 할 것이 있다. 몇 번을 말해도 모자란 그것은 바로 부모의 따뜻한 사랑과 애정 가득한 태도다. 아무리 훌륭한 갈등 대처법을 알고 있어도 마치 로봇처럼 딱딱하고 냉담하게 행동한다면 아이들은 부모의 개입이 그들의 편의를 위한 것이라고 생각한다. 그 순간 형제자매의 갈등은 부모와 자녀 사이의 갈등으로 확대된다.

　늘 부모의 사랑과 관심을 간절히 바라는 아이들은 평소 부모의 태도에도 민감하다. 부모가 누구에게 친절한지, 부모의 판단이 비교적 공정한 편인지, 부모의 행동이 일관성을 가졌는지 등을 판단해 부모의 지도와 조언에 어떻게 반응할지를 결정하는 것이다. 자신의 부모를 현명하고 공정한 문제 해결자라고 생각하는 아이는 부모의 지도에 순응하며 따른다. 반면 부모가 동생만 편애하거나 형에게 애정을 더 쏟는다고 생각하면 아이는 부모의 판단이 과연 자신에게 이로운지, 공정한지 의심한다. 그러므로 부모는 아이들이 납득할 만한 태도를 보여야 한다. 갈등 해결은 그다음이다. 그럼 지금부터 아이들 사이의 다툼을 예방하고 갈등 해결을 지도할 때 도움이 되는 부모의 태도에 대해 알아보자.

비교와 낙인 버리기

형제자매 사이에 어느 정도의 경쟁은 반드시 필요하다. 적절한 경쟁은 두 아이 모두에게 성취동기와 문제 해결 능력을 가져다 주기 때문이다. 문제는 지나친 경쟁이다.

부모의 사랑과 관심, 그리고 한정된 자원을 나눠 써야 하는 형제자매는 서로를 라이벌로 여길 수밖에 없다. 이런 상황에서 부모가 아이들을 비교하는 순간 경쟁은 더욱 깊어진다. 비교는 종종 낙인을 찍는 것으로 나타나기도 한다. "너는 편식쟁이구나. 누나는 골고루 잘 먹는데", "징징이! 너보다 어린 동생은 저렇게 의젓한데…" 부모의 비교는 주로 아이를 자극해 동기부여를 이끌어내기 위해 이루어진다. 하지만 비교와 낙인찍기는 아이에게 항상 누군가와 경쟁하고 이겨야 한다는 강박관념을 심어준다. 아직 심리적으로 완전히 발달하지 않은 아이에게 강한 승부욕과 경쟁심은 그 자체만으로도 크나큰 스트레스로 작용한다. 동시에 긍정적 대인관계를 방해하는 원인이 된다. 가장 큰 문제는 자신이 부모에게 나쁘거나 열등한 존재로 낙인찍혔다고 생각하게 만드는 것이다. 이때 아이는 자신의 잘못을 반성하거나 고치려 하기보다 깊이 좌절하고 분노한다. 여기서 만들어진 부정적인 감정은 자신을 못난 존재로 만든 형제자매에게로 향한다.

부모는 아이들의 잘못과 실수를 절대로 비교해서는 안 된다. 그보다는 행동 자체에 주목해야 한다. 왜 그 행동이 잘못되었는지, 그리고 어떻게 고쳐야 하는지를 말해주는 것이다. 예를 들어 "너는 왜 시금치를 먹지 않니? 누나는 저리 잘 먹는데"가 아니라, "시금치도 먹어보렴. 시금치는 네 뼈를 튼튼하게 해줘서 지금보다 훨씬 건강하게 만들어줄 거야!"라고 말해주는 것이다.

아이의 말에 귀 기울이기

육아와 가사, 사회생활 등으로 바쁘다 보면 평소에는 자녀의 말을 제대로 들어주지 못하고 아이가 일을 저지르거나 문제를 일으켰을 때만 관심을 보일 때가 있다. 이처럼 갈등이 발생했을 때만 귀기울여 들으면 아이들은 부모의 관심을 얻기 위해 말썽꾸러기, 갈등 유발자가 되는 방법을 선택한다. 아이가 자아 정체성을 찾을 때까지 가장 중요하게 여기는 것은 부모의 사랑과 관심을 얻는 일이다. 아이들의 마음속에는 늘 '나'만을 위한 부모의 애정과 관심을 받고 싶다는 마음이 존재한다. 아이들에게 관심이란 칭찬만이 아니다. 꾸짖고 나무라는 부모의 부정적 피드백도 아이에겐 관심으로 여겨진다. 그러니 관심을 얻기 위해서라면 나쁜 방법도 마다하지 않는다. 엄마와 아빠의 애정과 관심을 회복할 수만 있다면 얼마든지 동생에게 공격적으로 행동하고 언니를 귀찮게 하며, 자신의 영역을 지키기 위해 물건에 집착하거나 인색해질 수 있다. 아이가 부정적인 방식으로 부모의 관심을 차지하려고 할 때는 이에 대한 반응을 최소화할 필요가 있다. 그리고 아이가 보다 적절한 방식으로 관심을 얻을 수 있도록 알려주어야 한다. 징징거리며 말하던 아이가 진정되어 좀 더 똑바로 말할 때 부모는 "이렇게 말해주니까 참 좋다. 아까 울면서 말할 때는 무슨 말인지 알아듣기가 힘들었어. 다음부턴 이렇게 말해주렴!"이라고 알려주는 것이다.

형제자매 사이에 벌어지는 다툼이나 폭력의 바탕에는 관심을 빼앗겼다는 피해 의식이나 질투가 숨어 있다. 이런 아이에게 필요한 것은 혼내고 나무라는 부정적 피드백이 아니라 칭찬하고 애정을 표현하는 긍정적 피드백이다. 평소 아이의 말과 행동에 귀 기울이며 충분한 관심을 보여주자. 그리고 매일 5번 이상 아이에게 긍정적인 칭찬을 해주자. 칭찬 거리를 찾기 어렵다면 아이의 상태를 긍정적인 언어로 표현해주는 것도 좋다. 가령 아이가 장난감을 가지고 논다면 "어제는 곰 인형을 가지고 놀았는데 오늘은 아기 인형을 가지고 노는구나. 우리 수아가 곰 인형만 좋아하는 줄 알았더니 아기 인형도 좋아하나 보다. 아기를 엄청 잘 챙겨주네! 그럼 엄마랑 같이 아기 인형 가지고 놀아볼까?"라며 특별할 것 없는 행동도 긍정의 의미를 담아 관심을 보여주자. 부모가 늘 자신을 지켜보고 있다는 것을 알게 되면 아이는 좋은 행동으로 칭찬받고 싶어한다. 이때 부모가 자녀의 좋은 행동을 놓치지 않고 반응해준다면 형제자매 사이의 다툼과 갈등을 걱정할 일은 없을 것이다.

편애하지 않기

"보나마나 엄마는 동생 편만 들 거예요"라고 말하는 첫째는 이미 부모에 대한 신뢰감을 상실했다. 부모를 '편애하는 사람'이라고 인식한 아이는 동생이나 형과 싸웠을 때 부모가 합리적으로 문제를 해결할 방법을 제시해도 반감을 갖고 쉽게 따르려 하지 않는다. 심지어 자신이 잘못해 합당한 벌을 받을 때조차 '엄마는 나만 미워해'라고 생각하며 억울해한다.

부모의 편애는 사랑을 독차지하는 아이에게도 그리 좋은 영향을 주지 않는다. 상대적으로 다른 형제자매보다 부모의 관심과 사랑을 많이 받은 아이는 스스로를 무엇을 해도 용서되는 존재라고 여긴다. 이런 생각을 가지고 성장한 아이는 도덕성이 제대로 발달하지 못한다. 또한 부모의 애정을 두고 형제자매끼리 티격태격하는 과정에서 아이들의 사회성과 어휘력, 감정이 발달하는데 편애를 받는 아이는 상대적으로 발달이 더디다. 또한 형제와의 상호작용이 부족해 사회적 이해력도 떨어진다.

아이들의 긍정적 관계 맺음뿐 아니라 올바른 발달을 위해서라도 두 아이를 키우는 데 있어 '편애'라는 단어는 반드시 지우자.

사랑 보여주기

마음속에만 품고 있는 사랑은 아무런 가치가 없다. 사랑은 표현할 때 그 빛을 발한다. 아직 어린 아이들은 사랑과 같은 추상적인 감정을 이해하는 데 어려움이 있다. 아이가 '나는 사랑 받고 있다'라고 느끼는 순간은 부모가 나를 따뜻하게 쳐다보며 안아줄 때, 아픈 것을 걱정해줄 때, 함께 놀 때, 그리고 맛있는 것을 함께 먹을 때이다. 아이에게 사랑은 보고, 듣고, 만지고, 맛보는 감각적인 것이다. 아이에게 이러한 사랑의 표현을 충분히 해줄 때 아이는 부모가 나를 염려하며 애쓰는 사람이라고 인정한다. 아이가 부모의 말과 행동을 따라야겠다고 결심하기 위해서는 이러한 인정과 믿음이 바탕되어야 한다. 실제로 다양한 연구 결과를 살펴보면 부모와 안정적인 애착을 형성한 아이는 불안정 애착을 보인 아이에 비해 부모의 지시에 대한 순응성이 현저히 높았다고 한다. 결국 아이가 부모를 다툼과 갈등의 해결사로 받아들이기 위해서는 먼저 아이에게 사랑을 표현해야 한다는 뜻이다.

아이를 역할 모델로 삼지 않기

둘 이상의 자녀를 가진 부모는 한 아이를 행동의 기준으로 삼아 다른 형제자매에게 따라 할 것을 요구하기도 한다. "밥 먹을 때는 언니처럼 얌전해야지!", "형처럼 씩씩하게 인사해야지!" 이렇게 자녀 중 한 아이를 역할 모델로 내세우는 것은 다른 아이의 열등감을 자극하고 형제자매 사이의 경쟁만 부추길 뿐이다. 생각해보라. 시댁에 가서 김장을 하는데 시어머니가 "얘, 무는 동서처럼 썰어야지"라고 한다면 기분이 좋겠는가. 같은 위치에 있거나 또래와의 관계에서 나보다 우월하다는 평가를 받는 것은 아이, 어른 할 것 없이 누구에게나 자존심 상하는 일이다.

그런데 아이들은 자신보다 우월하거나 힘이 있다고 생각하는 어른의 지시를 따르는 것에는 크게 반발하지 않는다. 따라서 아이에게 무언가를 가르치거나, 또래나 자녀 간 다툼이나 경쟁 같은 문제를 해결해야 하는 상황에서는 형제자매 중 한 아이를 역할 모델로 내세우기보다 부모가 직접 해결 방식을 제안하는 게 효과적이다. 만일 아이의 식사 예절이 좋지 않을 때 언니처럼 얌전하게 먹으라고 말하는 것보다 "밥 먹을 때는 돌아다니지 않는 거야. 네 의자에 앉아 밥을 먹으렴. 엄마처럼 이렇게 바르게 앉아서 먹자"라고 부모라는 권위에 호소해 문제를 해결하는 것이다.

개별적 관심 주기

매슬로의 인간 욕구 5단계 이론 중 3단계는 '소속과 애정의 욕구'
이다. 누군가를 사랑하고 싶은 욕구, 어느 한 곳에 소속되고 싶은
욕구, 친구들과 교제하고 싶은 욕구, 가족을 이루고 싶은 욕구 등이
여기에 해당된다. 특정 집단에 속해 있다는 '소속감'은 우리에게 매
우 중요하다. 하지만 이와 함께 '나는 이 세상에 하나밖에 없는 특
별한 존재'라는 개인적 정체성도 큰 의미를 갖는다. 이는 인간 욕구
이론 중 5단계인 '자아실현 욕구'이며 매슬로는 최고 수준의 욕구로
이것을 강조했다.

따라서 부모가 아이의 개별적 정체성을 무시하고 형제자매를 일
괄적으로 대할 경우, 자아실현 욕구가 충족되지 않아 아이들은 강
한 심리적 저항심을 갖게 된다. 특히 부모가 제시한 기준이 자신의
기질과 맞지 않는 아이의 반발은 클 수밖에 없다. 부모는 한 아이에
게는 좋고 편한 것이라도 다른 아이에게는 불편하고 힘든 것일 수
있음을 이해하고 받아들여야 한다. 개성은 옳고 그름이 아니라 각
자 다름이다. 아이의 취향과 성향을 고려하지 않고 똑같은 옷을 입
히거나, 똑같은 교육 방식이나 취미를 강요해서는 안 된다.

가족 안에서 형제자매라는 공통의 소속감을 느끼는 것은 심리적
안정을 위해 꼭 필요한 과정이지만, 아이들의 모든 행동에서 형제자
매가 함께 행동할 필요는 없다. 아이의 취향이나 성격을 마음껏 발
휘할 수 있도록 각자의 개성을 존중하고 이해하되, 언제든 의지하

고 기댈 수 있는 형제자매와 가족이 존재한다는 사실을 상기시켜주면 된다. 이런 환경에서 자라난 아이들은 서로를 비교하지 않는다. 덕분에 비교로 인해 발생하는 열등감이나 자만심, 미움과 분노를 겪지 않으며 자신을 사랑하는 만큼 타인의 개성을 존중할 수 있는 인격으로 성장하게 된다.

각자의 욕구 인정하기

비록 부모의 눈에는 사소하고 하찮아 보이는 일도 아이에게는 세상 무엇보다 중요할 때가 있다. 부모는 아이들 사이에 갈등이나 다툼이 있을 때 문제의 원인이 된 아이의 욕구를 저울질해서 살펴보는 경향이 있다. 상황에 따라 첫째 아이의 욕구를 더 중요하게 여기기도 하고 둘째 아이의 욕구를 먼저 받아들여주기도 한다. 이는 곧 둘째의 욕구가 무시당할 때가 있는가 하면 첫째의 욕구가 뭉개지기도 한다는 뜻이다.

욕구가 좌절된 아이는 자신의 욕구가 얼마나 중요한 것인지를 알리기 위해 울음이나 떼쓰기, 공격적 행동을 보여준다. 자신의 욕구를 무시하고 거부당할수록 표현 강도는 더욱 세진다. 어느새 부모와 아이 사이는 문제 해결보다 '욕구'를 무시한 자와 무시당한 자의 감정싸움으로 얼룩져버린다. 보다 못한 부모가 뒤늦게 아이의 욕구를 들어준다고 해도 이미 늦었다. 아이에게 욕구를 무시당한 것은 부모가 나를 거부했다는 것과 같기 때문이다. 조금씩 자아 정체성을 만들어가는 아이에게 이는 매우 크고 중요한 문제다. 그러니 비록 부모의 입장에서 선뜻 공감이 가지 않더라도 아이의 욕구 자체는 존중해주자. 갈등의 해결은 그다음에 시작할 수 있다.

형제자매를 둔 아이는 온전히 부모의 관심을 독차지할 수 있는 시간을 소망한다. 부모가 규칙적으로 각각의 아이와 놀거나 대화할 수 있는 시간을 가진다면 자녀 사이 갈등의 상당 부분이 해결될 것이다. 앞서 말했듯이 형제자매 사이의 갈등은 아이들이 부모의 사랑과 관심을 얻고, 개성 있는 존재로서 확인받고자 하는 욕구에서 발생한다. 부모의 관심을 독차지하며 즐거운 경험을 쌓는다면 이러한 욕구를 해소할 수 있다.

분명한 경계 나누기

가족은 하나의 공동체이지만 가족 구성원 사이에도 적당한 경계가 필요하다. '내 것', '네 것', '내 몸', '네 몸', '내 공간', '네 공간'과 같은 분명한 경계 말이다. 그래야 다툼이 줄어든다. 장난감과 같은 소유물 역시 주인을 분명히 정해놓고, 공간을 분리해 아이들이 자신만의 공간을 가질 수 있도록 해주자. 만일 두 아이가 같은 방을 쓴다면 가구나 소품을 이용해 생활 영역을 구분하면 된다. 이는 형제자매 사이에 갈등이나 다툼이 생겼을 때 터져 나오는 분노를 자신만의 공간에서 가라앉히는 역할을 할 것이다.

가족 활동 계획하기

아이들 각자의 개성을 존중해주고 개별적인 관심을 보이는 것과 더불어 부모는 유대감을 강화하기 위해 가족이 함께하는 기회도 부지런히 만들어야 한다. 가족 모두가 적극적으로 참여해 즐거움을 느낄 수 있는 활동이면 뭐든지 좋다. 캠핑, 등산, 여행, 하이킹 등은 부모와 아이가 함께 즐길 수 있는 활동이다. 집 안에서도 함께할 수 있는 활동이 많다. 윷놀이, 보드게임, 상황극, 가족오락관 류의 게임은 가족 친밀감을 쑥쑥 올려주는 실내활동이다. 아이들 사이의 갈등과 경쟁은 주로 집 안에서 많이 일어난다. 아이들에게 집은 싸우는 공간이 아니라 함께 즐거움을 키우는 공간이라는 경험을 제공해주자. 함께하는 활동이 늘어날수록 아이들은 서로에 대한 이해심을 키우고 갈등과 다툼은 자연스럽게 줄어들 것이다.

같은 편 만들어주기

한국인은 친밀감이 높은 민족이다. 처음 만나는 사람도 월드컵 시즌이 되면 함께 길거리로 몰려나와 어깨동무를 하고 〈오 필승

코리아〉를 외치며 의기투합한다. 우리 모두 같은 편이라는 생각이 동질감을 형성하기 때문이다. 이처럼 숙명적 라이벌인 첫째와 둘째도 같은 편이 될 기회가 많을수록 친밀감과 유대감은 증가한다.

긍정적인 형제자매 관계를 만들기 위한 부모의 역할은 두 아이가 서로 협동하고 타협할 수 있는 환경을 만들어주는 것이다. 가족이 함께 게임이나 놀이를 할 때 '아이 편 vs. 부모 편'으로 나눠 진행해보자. 그리고 두 아이가 서로 협동하고 의견을 교환하는 모습을 발견할 때마다 "역시 하나보다 둘이 낫다"며 적극적으로 칭찬해주고 협업 관계에 지지를 보내는 것이다. 어느새 두 아이에게 형제라는 존재는 라이벌이 아닌 동지로 자리 잡을 것이다.

하루 일과 조정하기

피곤하고 졸리고, 바쁘고 아플 때는 누구나 예민해진다. 특히 어린 아이들은 생리적 상태에 훨씬 민감하게 반응하기 때문에 이런 까칠한 상태에 놓였을 때는 아주 사소한 일만으로도 싸움이 일어날 수 있다. 부모는 아이들의 생체 리듬을 수시로 확인하면서 예민한 상태에서 서로 부딪칠 일이 없도록 신경 써야 한다. 또한 두 아이의 스케줄이 서로 다를 때는 확실하게 영역을 분리해서 각자에게 주어진 일을 처리할 수 있도록 돕는다.

만일 첫째가 숙제를 해야 할 시간에 둘째는 마땅히 할 일이 없다면 어떻게 될까? 분명 아이는 첫째의 방을 들락거리며 방해할 것이다. 싸움이 일어날 수밖에 없는 환경이 만들어진 셈이다. 이럴 때 부모는 둘째가 심심해하지 않을 만한 활동을 제공해주어야 한다. 둘째가 첫째를 방해하지 않으니 다툼도 일어나지 않을 것이다. 이렇듯 부모는 때때로 아이들의 매니저가 되어야 한다. 생체 리듬과 하루 일과를 살펴보며 두 아이의 욕구와 이해가 어긋나지 않도록 조절하는 능력이 필요하기 때문이다.

우리집 규칙 정하기

모든 국가에 법이 있듯이 모든 가정에도 규칙이 필요하다. 이는 가족이 평화롭게 살아가기 위해 지켜야 할 최소한의 행동 기준이자, 가족 구성원 모두가 지켜야 하는 원칙을 의미한다. 부모와 아이가 함께 가족을 위한 규칙을 세우고 함께 지켜나간다면 아이의 행동에 대해 일관성 있게 지도할 수 있다.

예를 들어 '우리 집에서는 누구라도 때리면 안 된다'라는 규칙이 있다면 아이들끼리 몸싸움을 벌일 때 "얘들아, 너희 지금 뭐 하는 거야? 때리는 거 좋은 거야, 나쁜 거야? 엄마가 그렇게 가르쳤어? 안 되겠다. 너희들 혼 좀 나야겠다…"라는 식으로 길게 잔소리할 필요가 없다. 그저 "얘들아, 우리집 규칙이 뭐지? '누구라도 때리면 안 된다.' 지켜야지!"라고 말하면 된다. 이럴 때 아이들은 일말의 변명도 없이 곧바로 몸싸움을 멈출 수밖에 없다. 실제로 아이들이 자주 싸우는 집을 살펴보면 그들만의 가정 규칙이 없는 경우가 많다.

규칙은 평화로운 가족관계를 위해 꼭 지켜야 할 보편적인 것들과 각 가정의 특성을 고려한 특수한 것들로 구성할 수 있다. 가령 '우리 집에서는 누구라도 때리면 안 된다'는 것이 보편적 규칙이라면 '잠잘 때 읽을 책 고르기 - 월, 수, 금은 첫째가, 화, 목, 토는 둘째가, 그리고 일요일은 엄마가 고른다'라는 것은 특성을 고려한 규칙이라 할 수 있다. 지금 당장 아이들과 부모가 꼭 지켜야 할 규칙을 만들어보는 것은 어떨까?

2. 형제의 난, 어떻게 다스릴까?

장난감이 자신의 것이라며, 엘리베이터 버튼을 서로 누르겠다며, 바보라고 놀렸다고, 잘난 척한다고 아이들은 싸운다. 이 외에도 부모가 상상하지 못하는 여러 가지 이유로 아이들은 논쟁을 벌이고 치고받으며 치열한 나날을 보낸다. 부모는 이런 아이들 모두를 사랑하고 존중하며 공정하게 대하려 노력하지만 막상 실행에 옮기기는 쉽지 않다. 아이들의 싸움에 개입하는 것이 옳은 일인지, 개입해야 하는 상황이라면 어떻게 해야 하는지 구체적으로 알지 못하기 때문이다.

지금부터는 아이들 사이에 갈등이 발생했을 때 부모가 어떻게 대응해야 하는지를 알려주려 한다. 주로 부모가 싸움에 개입해야 하는 상황은 언제이며, 어떻게 행동하는 것이 문제를 명확하게 해결할 수 있는지 설명할 것이다. 지금부터 들려줄 이야기는 사소하지만 큰 변화를 가져올 전략이니 함께 살펴보자.

부모의 개입은 타이밍이다

형제자매 사이의 갈등을 다룬다는 것은 두 아이 사이에 문제가 생길 때마다 부모가 개입해 해결해야 한다는 뜻이 아니다. 부모의 최종 목표는 아이들 스스로 자신들 사이에서 일어난 갈등과 문제를 다룰 수 있도록 지도하는 것이다. 다만 아이들 사이에서 벌어지는 갈등의 패턴이 다양한 까닭에 두 아이만으로는 문제 해결이 어려울 수 있으므로 늘 주의를 기울여야 한다.

지극히 사소한 형제자매 사이 다툼에는 부모가 일일이 간섭할 필요가 없다. 아이들 스스로 해결할 수 있다고 판단되면 가만히 지켜보자. 어른이 굳이 참견하지 않아도 자기들끼리 투닥거리며 타협점을 찾기도 하고, 서로의 입장을 이해한 다음에는 사과와 화해로 이어지는 경우도 많다. 부모는 이 과정에서 보인 아이들의 노력과 성장에 아낌없는 관심과 칭찬을 보여주면 된다. 서로 오해하고 미워하기도 했지만 다른 사람의 마음을 헤아리고 관계를 회복하는 예쁜 모습을 부모가 알아주고 기뻐해줄 때 형제자매 사이의 우애도 자라난다. 그리고 아이들이 갈등 해결 능력을 습득하기까지 엄청난 노력을 한 자신도 마음속으로 칭찬하자. 이제 부모에게는 지금껏 들인 시간과 노력을 보상받을 일만 남았다.

아이들의 입장을 충분히 이해하지 못한 상황에서 부모가 섣불리 개입해 잘잘못을 가리고 억지로 화해시키면 갈등의 원인을 해결하지 못한 채 오히려 사이가 더 나빠질 수 있다. 아이들 사이의 갈등을 줄이는 최고의 방법은 부모가 개입하지 않고 스스로 해결하도록 지켜보는 것이다. 부모가 개입하는 순간 아이들은 더 많은 관심을 받기 위해 일부러 상대방의 잘못을 이르거나 더 큰 소리를 지르기도 한다. 이는 아이들끼리 자율적으로 해결할 기회를 빼앗는 것이다. 그러니 먼저 자녀의 갈등을 자연스러운 현상으로 받아들이자. 종종 아이들이 싸우는 것 자체를 받아들이지 못하는 부모가 무작정 끼어들거나 잔소리를 할 때도 있다. 그러나 안 싸우는 형제자매는 없다. 오히려 싸움 없이 지내는 것이 이상한 것이다. 아이들은 언제 어디서나 싸울 수 있다는 사실을 받아들이고 차분히 대처하자.

하지만 부모가 개입해야 하는 형제간의 갈등도 있다. 사소한 논쟁이 격렬한 싸움으로 발전하거나 폭력이나 욕설을 하는 등 정해진 규칙을 따르지 않을 때는 부모가 개입해야 한다. 주의해야 할 것은 그 자리에서 아이들의 잘잘못을 가리거나 일방적으로 판결을 내려서는 안 된다는 사실이다. 자칫하면 아이의 마음속에 부모가 다른 형제만 편애한다는 감정이 생길 수 있기 때문이다. 때로는 두 아이 모두 억울하다고 느낄 수도 있다. 이때는 싸움 자체를 심판하는 게 아니라 싸움의 원인을 함께 찾아보고 해결해주는 사회자로서 개입하는 것이 좋다.

우선 한 아이씩 방으로 데리고 들어가 아이가 하고 싶은 말을 경청해주자. 무엇 때문에 싸움이 일어났는지, 지금 아이의 기분은 어떤지, 그리고 앞으로 어떻게 하고 싶은지 물어보면서 아이의 기분을 알아주고 아이의 욕구를 파악하는 것이다. 두 아이의 생각을 모두 들은 다음에는 싸움의 원인을 정리해서 말해주고 아이들을 이해시켜야 한다. 문제가 무엇인지 분명하게 알려준 다음에는 두 아이에게 각자 생각할 시간을 준다. 그다음 여전히 형제자매에 대한 질투나 분노와 같은 부정적인 감정이 남아 있는지 확인한 뒤 함께 해결할 방법을 찾도록 도와주자.

유머는 갈등을 이긴다

아이들 싸움에 부모가 개입할 때는 갈등을 해결할 좋은 방법을 알려주겠다는 목표를 달성해야 한다. 갈등의 골을 더 깊이 만들지 않기 위해서는 긍정적 언어를 사용하는 것이 좋다.

형제에게 간식으로 주스를 나눠주려는데 동생에게 건네는 주스를 본 형이 장난기 가득한 미소를 짓더니 가로채버렸다. 주스를 빼앗긴 동생이 큰 소리로 울기 시작했다. 서둘러 동생에게 다른 주스를 줬지만 아이는 형이 가진 주스가 자신의 것이라며 오직 그것만을 먹겠다고 보챈다. 형의 사소한 장난이 생각지도 못한 갈등으로 이어지고 말았다. 비록 형의 행동이 바람직하다고 볼 수는 없지만 이 상황에서 엄마가 화를 내고 아이를 야단친다고 해서 나아질 것은 없다. 두 아이 모두 겁을 먹고 즐거운 간식 시간을 망칠 뿐이다. 이때 필요한 것은 엄마의 유머 감각이다.

"저런! 갑자기 뭐가 나타난 거지? 번개맨인가? 아니, 이럴 수가 우리의 주스를 번개맨에게 뺏겨버리고 말았네!"라고 연극처럼 말하자. 그러고는 "히히, 하지만 이건 몰랐지? 나에게는 또 다른 주스가 있다는 걸!" 하며 "번개맨, 그 주스는 동생에게 양보하고 이 주스를 한 번 더 재빨리 빼앗아보세요!"라며 형이 자연스럽게 참여할 수 있는 상황극을 만들자. 아이는 신이 나서 자신의 주스를 동생에게 주고 엄마 손에 있는 다른 주스를 낚아챌 것이다. 그러고 나서 형에게는 "헤이, 번개맨! 주스 맛있습니까? 그래도 다음엔 갑자기 나타나서 뺏지는 말아주십시오!"라고 재미있게 행동을 제한하면 된다. 동생에게는 "우리도 다음에는 형아 번개맨처럼 재빨리 받아서 주스를 마실까?"라며 아이의 의욕을 자극한다면 금세 갈등은 마무리된다.

아이들은 평소에 무슨 일이든 서로 내가 하겠다고 논쟁을 벌이는 일이 많다. 이때도 부모가 가볍게 개입해 긍정적인 방법으로 갈등을 줄여나갈 수 있다. 6살 진수와 4살 현수는 새로 구입한 전동 리클라이너 의자를 로봇이라 부르며 서로 자신이 먼저 앉아 버튼을 누르겠다며 다투기 시작했다. 이럴 때 부모는 다음과 같은 방법으로 갈등을 즐거움으로 바꿀 수 있다.

아빠: 얘들아, 아빠도 이 의자에 앉고 싶은데. 어떡하지?
진수: 안 되는데, 우리가 먼저 앉겠다고 했어. 아빠는 기다려야

해!

현수: 응, 형 말이 맞아. 그치, 형아?

진수: 맞아, 아빠는 늦게 왔으니까 기다려야 해.

아빠: 아, 하겠다고 말한 순서대로 앉아야 하는 거구나.

진수, 현수: 응, 아빠!

아빠: 그렇구나. 그럼 제일 처음 여기에 앉겠다고 한 사람이 누구야?

진수: 아…. 현수야, 너 먼저 앉아. 너가 1등, 내가 2등, 그리고 아빠가 꼴등이야!

다른 방법도 있다.

아빠: (아이들이 들을 수 있도록 큰 소리로 말한다.) 흐흐흐! 나도 저 의자에 앉고 싶었는데 잘됐군. 지금 진수와 현수가 싸우느라 정신이 없구만. 이럴 때 얼른 내가 저 의자에 앉아야겠다!

진수: 안돼, 아빠. 현수야, 아빠를 막아! 아빠가 우리 자리를 가로채려고 해!

현수: 알았어, 형! 내가 아빠를 막을게.

아빠: (과장된 몸짓으로 천천히 의자를 향해 다가간다.) 아니, 어떻게 된 거지? 둘이 싸우느라고 정신이 없었는데 어떻게 알고 여기에 온 거지? 하지만 소용없다. 난 힘이 완전 세다. 한 명으로는 날 막을 수 없다!

현수: 형아, 도와줘!

진수: 알았어. 지금 형아가 갈게.

(형제가 함께 아빠를 잡는다.)

아빠: 아니, 이럴 수가! 둘이 함께하니 내가 힘을 낼 수가 없네. 수 형제의 힘이 이렇게 세다니. 너희들 왜 안 싸우고 여기에 온 거냐. 어서 다시 싸워라! 그래야 내가 이길 수 있다. 어서!

현수: 싫다. 악당아! 우린 안 싸운다. 그치, 형아?

진수: 현수 말이 맞다. 우린 안 싸운다. 우린 힘을 합쳐 악당을 물리치는 정의의 용사다!

아빠: 윽, 분하다! 형제가 힘을 합치니 너무 강해서 이길 수가 없다. 내가 졌다.

진수, 현수: 와, 우리가 이겼다!

진수: 현수야, 우리 같이 앉자. 우린 작으니까 둘이 함께 이 의자에 앉을 수 있어.

현수: 알았어, 형아.

아빠가 다투는 두 아이를 혼내기보다 자연스럽게 상황에 녹아들어 함께 놀 방법을 제시함으로써 갈등이 눈 녹듯 사라졌다.

싸움의 규칙과 타임아웃

아이들 사이에 의견이 다르고 욕구가 충돌하는 것보다 더 큰 문제는 이로 인한 감정을 표출하는 방법이다. 자신의 의견이 받아들여지지 않는다고 상대를 때리거나 욕을 하는 아이들이 있다. 이 경우 아이들 스스로 문제를 해결할 수 없을 만큼 갈등의 골이 깊어졌다고 볼 수 있다. 문제를 키우지 않기 위해 가정에서는 아이들이 갈등을 표현하는 방식에 대한 규칙을 만들어둘 필요가 있다. 또한 가정이라는 공동체 안에서 함께 생활하기 위해서도 흔들리지 않는 규칙이 필요하다. 신체적, 언어적, 정서적 공격성을 제한하는 기준을 정하고 이를 어길 때는 불이익이나 책임을 지도록 하는 것이다. 고려해볼 만한 규칙으로는 다음과 같은 것이 있다.

첫째, 때리지 않기.

둘째, 욕하지 않기.

셋째, 소리 지르지 않기.

넷째, 놀리지 않기.

규칙은 아이들의 연령을 고려해 만들어야 한다. 만 3세 미만의 아이들은 아직 언어가 미숙해서 갈등이 발생하면 말보다 손이 먼저 나갈 때가 많다. 때문에 이러한 규칙을 세워도 지키지 못할 때가 많다. 그때마다 부모가 책임을 지게 한다고 벌을 세우거나 잔소리를 하면 오히려 역효과가 날 수도 있다. 만 3세 미만의 아이 혹은 그 정도의 발달 수준을 보이는 아이들의 경우에는 형제 사이에 신체 공격이 일어나지 않도록 주의 깊게 관찰하고 미리 예방해주는 것이 가장 좋다. 만일 신체적 공격이 일어났다면 때린 아이에게 "때리면 안 돼! 아파! 때리지 마!"라고 짧게 설명해주고 맞은 아이를 보살펴주며 "네가 때려서 동생이 아프니까 여기 호 해주자. 그리고 '미안해'라고 해줘야지!"라며 사과를 유도하는 게 좋다.

만 3세 이상의 아이들은 언어를 통해 자신의 상태나 감정을 표현할 줄 알게 되면서 신체적 공격이 서서히 줄어든다. 도덕적으로도 때리는 것이 나쁜 행동임을 알게 된다. 이런 아이들에겐 '때리면 상대를 아프고 다치게 할 수 있다'는 사실을 알려주며 어떤 경우에도 폭력을 행사하면 안 된다는 것을 강조하자. 하지만 여전히 아이들은 갈등 상황에서 자신의 마음을 말로 표현하거나 부정적 감정을 조절하는 데 어려움을 겪는다. 그러므로 부모는 꾸준히 감정 표현과 조절 방법을 지도해야 한다. 이는 앞으로 의사소통 문제에서 상세히 다룰 것이다.

아이의 연령이 높아질수록 신체적 공격은 줄어들지만 언어 및 정서적 공격성은 더욱 늘어난다. 비아냥거리거나 '바보', '뚱돼지'와 같이 상대를 비하하는 별명을 지어내 부르기도 한다. 때리지는 않아도 고함을 지르거나 때릴 듯한 몸짓으로 위협하는 경우도 많다. 이럴 때는 아이의 공격적인 행동도 상대에게 상처를 준다는 사실을 분명히 하고 절대로 그런 행동을 해서는 안 된다는 것을 알려주어야 한다. 이때 부모는 '갈등' 자체를 나쁜 것으로 몰고 가지는 않는다. 신체적, 언어적, 정서적으로 상처를 주는 일은 절대 용납되지 않지만 형제자매 사이에 서로에게 화가 나고 미울 수도 있으며, 의견이 달라 힘들 수도 있다는 것은 받아주어야 한다. 그리고 화가 나는 감정과 상황을 어떻게 해결해야 할지 모르겠다면 부모에게 도움을 청하라고 격려해준다.

아이에게 해서는 안 되는 규칙만 강조할 경우 기질적으로 여리고 순한 아이들은 절대로 부모 앞에서 형제간 갈등을 드러내서는 안 된다고 생각할 수 있다. 이런 아이들은 형제와 대립하는 갈등 상황에서도 자신의 감정과 욕구를 무조건 참아내며 상처받는다. 겹겹이 쌓인 상처는 저절로 치유되지 않으며 곪다 못해 폭발할 뿐이다. 그 결과 아이에겐 심각한 자존감 하락과 정서장애 등이 찾아온다. 형제자매 사이의 갈등은 반드시 해결해야 하며, 그 과정에서 생긴 상처는 부모의 관심과 애정으로 치유되어야 한다.

이 외에도 가족만의 규칙을 만들어 아이들의 다툼을 미리 예방할 수도 있다. 매일 싸우는 형제자매를 자세히 관찰해보면 자신의 의견을 서로 내세우다가 다툼으로 확대될 때가 많다. 이때 아이들의 갈등을 제한하는 규칙이 있다면 싸움을 막는 것이 가능하다. 가령 하나의 장난감을 가지고 서로 놀겠다고 할 경우, 장난감을 갖고 놀 수 있는 순서와 시간을 규칙으로 정하는 것이다. 스마트폰으로 좋아하는 동영상을 시청하는 시간도 마찬가지다. 놀잇감은 하나뿐인데 아이는 둘인 상황에서는 순서가 필요하다. 그때그때 애매하게 정해줄 것이 아니라 규칙을 통해 공정하게 결정한다면 아이들은 갈등 없이 원하는 욕구를 충족할 수 있다. 규칙은 반드시 아이들과 함께 결정해야 하며 모두가 공정하다고 판단해야 한다. 또한 아이들의 욕구를 최대한 반영하기 위한 고민의 흔적이 엿보여야 하며, 애매모호하거나 논쟁의 여지 없이 명확해야 한다.

예를 들어 물건의 소유를 두고 자주 다툰다면 먼저 각자의 물건을 나누고 그 소유를 확실히 하는 것부터 시작하자. 첫째 아이의 물건에는 파란색 스티커를, 둘째의 물건에는 초록색 스티커를, 공동 소유에는 노란색 스티커를 붙여 소유를 시각화한다. 그리고 다른 사람의 물건을 원할 때는 반드시 주인의 허락을 얻는다는 규칙을 만든다. 공동 소유 물건은 먼저 사용하는 사람에게 우선권이 있으나, 다른 사람이 그 물건을 원할 때는 10분 뒤에 넘겨주는 것을 원칙으로 하자. 두 아이가 동시에 원할 경우에는 가위바위보로 먼저 사용할 사람을 정한다. 기본 사용 시간은 10분이지만 대기자가 없을 때는 계속 사용할 수 있다.

이 외에도 잘못된 행동으로 부모에게 야단이나 벌을 받는 형제자매를 옆에서 약 올리는 경우가 잦다면 '벌 받는 형제자매 놀리지 않기. 그때는 놀린 사람도 벌받기'와 같은 규칙을 만들 수도 있다. 물건을 빌려 가서 잘 돌려주지 않는 형제자매 때문에 계속해서 갈등이 발생할 때는 '다른 사람의 물건을 빌릴 때는 자기 물건을 맡긴다. 빌린 물건을 돌려줄 때 맡긴 물건을 되돌려 받을 수 있다'와 같은 규칙을 세워놓으면 된다.

하지만 안타깝게도 규칙은 그 자체만으로는 위력을 발하지 못한다. 대부분의 규칙은 자신의 욕구를 조절해야 하므로 아이들의 참을성을 필요로 한다. 성인에 비해 인내심과 자제력이 부족한 아이들은 때때로 규칙을 어기고 만다. 주인의 허락을 받지 않고 마음대로 물건을 가져가거나, 자신의 물건을 맡기지 않고 강제로 빼앗는 것이다. 자신의 뜻대로 되지 않을 때는 물건을 던지거나, 형제자매를 때리고 울면서 행동화에 나선다. 아이가 타인의 권리 침해, 신체 공격, 물건 파손, 공공질서 위반을 할 때 부모는 좀 더 강력한 제한을 제시해야 한다. 이때 필요한 것이 바로 '타임아웃'이다.

타임아웃은 아이가 스스로 정서를 통제할 수 있도록 돕기 위해 일정 시간 활동이나 상황으로부터 떼어놓는 것을 말한다. 처벌처럼 보일 수도 있지만 그보다는 아이가 자기 조절력을 습득할 수 있는 경험을 제공하는 것이다. 아이가 다른 사람들의 방해 없이 안전하게 머물 수 있는 곳을 미리 정해두고 그 공간을 '생각하는 장소'라고 칭한다. 아이에게는 화가 나거나 흥분될 때 마음을 진정시키는 곳이라고 설명해주면 된다. 타임아웃을 경험한 아이가 심리적 안정을 찾은 다음 문제 행동에 대해 함께 이야기하면 해결 방법을 찾기 쉽다.

타임아웃을 효과적으로 사용하기 위한 방법을 예시를 통해 자세히 알아보자.

영수는 형 영훈이가 아끼는 카드를 집어 들었다.

영수: 형아, 나 이거 줘.
영훈: 안돼. 나 지금 친구랑 카드게임 해야 돼. 내놔.
영수: 싫어. 내 거야!
영훈: 이거 내 거야. 여기 이렇게 파란색 스티커 붙어 있잖아!
영수: 몰라, 이제 내 거야.

영훈: 엄마, 영수가 내 카드 가져갔어요. 달라고 해도 안 돌려줘요.

엄마: 영수가 형 카드가 맘에 들었구나. 하지만 그건 형 거야. 형의 물건은 허락을 받아야 사용할 수 있어. 우리집 규칙이야. 너도 알지? 어서 돌려주렴.

영수: 싫어, 내 거야!

엄마: 형 카드가 정말 좋은가 보구나. 하지만 규칙은 지켜야 해. 이리 주렴.

(영수가 발버둥치며 카드를 구기고, 엄마는 영수의 손에서 카드를 빼 영훈에게 돌려준다.)

엄마: 영수야, 형 카드가 정말 좋아서 돌려주는 게 힘들었구나. 다음에 형이 쓰지 않을 때 부탁해보자.

(영수가 화난 얼굴로 형을 노려보더니 형의 카드가 든 통을 집어 바닥에 던지고 소리 지르기 시작한다.)

엄마: 화가 많이 났구나. 지금처럼 소리 지르면 엄마가 네게 말을 할 수가 없어. 계속 소리 지르면 '생각하는 자리'에 가게 될 거야.

(영수가 얼굴이 벌게진 채로 계속 소리 지른다.)

엄마: 이제 '생각하는 자리'로 가야겠구나.

(엄마가 영수를 생각하는 자리로 데려간다.)

엄마: (타임아웃 장소에서) 영수가 아직도 화가 많이 나 있구나. 여기서 진정될 때까지 있을 거야. 3분 동안 조용히 있으면 나갈 수 있어.

아이의 연령에 따라 타임아웃 시간을 설정한다. 3~6세 유아는 1, 2분이 적절하며, 학령기 아동은 5분 정도가 적당하다. 이는 아이가 조용히 있는 시간을 의미하며 소리 지른 시간은 포함하지 않는다.

엄마: (타임아웃 장소에서 조용히 있는 영수를 바라보며) 이제 시간이 다 됐어. 이 곳에서 나가도 돼. 우리 영수가 기분을 진정하려고 많이 애썼구나. 기특해.

만일 영수가 진정되지 않고 자해를 하거나, 엄마를 때리고 꼬집는 행동을 한다면 아이의 몸을 꼭 감싸 안고 공격적 행동을 하지 못하게 막는다. 이런 일이 발생하면 대부분의 아이들은 초기 몇 분간 저항한다.

영수: (계속 버둥거리며) 놔 줘. 답답해! 숨 막혀 죽을 것 같아. 빨리 놔 줘.
엄마: 엄마가 너를 붙잡는 게 싫구나. 하지만 엄마는 네가 다치거나 누구를 때리게 둘 수 없어. 그럴 때는 이렇게 너를 붙잡을 거야. 그렇지 않을 때는 너를 붙잡지 않고 그냥 네 옆에 있을 거야. (영수가 잠잠해진다.)
엄마: 이제 영수가 좀 진정이 된 것 같구나. 아까보다는 기분이 나아졌니?
(고개를 끄덕이는 영수를 꼭 안아주며) 아까는 카드 때문에 화가 많

이 났는데 지금은 나아졌구나. 기분을 잘 다스렸네. 그럼 이제 여기서 나가도 되겠다.

아이들이 싸움의 규칙을 잘 따르도록 하는 가장 좋은 방법은 규칙을 지켰을 때 칭찬과 격려, 그리고 보상을 제공해주는 것이다. 가령 놀이동산까지 가는 긴 시간 동안 차 안에서 싸우지 않고 잘 참은 자매에게 칭찬과 함께 놀이동산에서 간단한 군것질을 할 수 있는 용돈을 주는 것이다. 규칙을 잘 수행할 때 보상이 따른다는 것을 알면 갈등과 분쟁 해결이 쉽고 미연에 방지할 수도 있다.

싸움은 작은 소리로 말린다

피를 나눈 자녀들이 싸우는 모습을 보는 부모의 심정은 복잡하다. 하루에도 몇 번씩 싸우는 것을 참고 참다가 "야! 그만하지 못해!"라는 고함과 함께 부모의 개입이 시작된다. 격양된 부모의 태도는 아이들의 다툼과 갈등을 무한 반복시킬 뿐이다. 아이의 부정적 정서와 문제 행동을 다루려면 먼저 부모가 평온을 찾아야 한다. 자신의 감정도 조절하지 못하면서 아이들의 감정을 다룰 수는 없다. 부모가 평온한 자세로 아이들의 갈등을 대할 때 긍정적인 해결을 기대할 수 있다.

부모가 화가 났거나 자신을 혼낼 것이라 느낀 아이들은 당장의 야단을 피하기 위해 변명을 늘어놓거나 상대 탓만 한다. 불안해하면서 아무 말도 못 하는 아이들도 있다. 이런 상태에서 갈등이 제대로 해결될 리 없다. 아이가 부모를 처벌자가 아닌 싸움과 문제의 원인을 찾아 해결해주는 사회자로 인식했을 때는 부모의 조언이나 해결책을 잘 받아들인다. 형제자매 사이의 갈등에서 부모의 역할은 아이들을 통제하는 게 아니라 스스로 문제를 해결할 수 있도록 지도하는 것임을 명심하자.

따라서 아이들 사이에 갈등이 발생했을 때 섣불리 개입하지 말고 먼저 부모 스스로를 안정된 상태로 이끌어야 한다. 자신이 안정되었다고 판단될 때까지 어떤 행동도 시작하지 마라. 가장 좋은 방법은 20초 동안 5번의 심호흡을 하는 것이다. 빠른 시간 안에 안정감을 얻을 것이다. 간단한 신체 운동이나 명상도 마음을 진정시키는 데 효과적이다. 숨을 들이마시면서 몸에 힘을 주었다가 내쉬면서 서서히 힘을 빼는 근육 이완도 좋고, 마음을 다스리는 데 도움이 되는 글귀나 그림을 보고 음악을 듣는 것도 좋다. 어떤 것이든 마음을 진정시키는 데 도움이 된다면 싸우는 아이들에게 다가가기 전에 실행해보자.

형제자매간의 사소한 갈등과 다툼에도 부모가 급하게 개입하면 아이들의 뇌는 별일 아닌 것도 '위급 상황'이라고 인식해 작은 문제만 생겨도 쉽게 흥분하거나 공격성을 나타낸다. 동생이 살짝 스치기만 해도 때렸다며 소리치거나, 형이 "이게 뭐야?"라며 자신의 장난감을 궁금해하면 "내 거야, 만지지 마!"라며 밀쳐내는 반응은 타인의 사소한 행동도 적대적으로 해석하는 습관에서 나온다. 아이들의 적대적 해석은 사소한 갈등도 큰일처럼 확대 해석해 반응하는 부모에 의해 습득된다.

부모가 형제자매간의 갈등에 개입하기 전에 평온을 찾아야 하는 또 다른 이유는 아이들이 부모의 행동을 그대로 답습하기 때문이다. 싸우지 말라며 언성을 높이는 부모의 모습을 본 아이들은 문제가 발생하면 해결책을 찾으려 노력하기보다 소리부터 지르고 상대를 비난한다. "너희들은 왜 눈만 뜨면 싸우니", "또 싸우기만 해봐, 회초리 들 테니까!"라며 아이들을 비난하는 부모의 태도는 형제자매 사이에 갈등이 생겼을 때 상대를 비난해야 한다는 것을 알려주는 것과 같다.

앞에서도 말했지만 형제자매 간의 갈등을 다루기 위한 부모의 개입은 궁극적으로는 아이들이 부모를 모범 삼아 갈등을 해결하고 타협하며 협력하는 방법을 알려주기 위해서다. 이를 위해 부모는 평온한 심장과 이성적인 머리를 지녀야 할 필요가 있다. 부모의 감정 조절은 형제자매 갈등을 올바르게 해결하기 위한 가장 중요한 요소다. 아이들이 신체적 공격이나 욕설을 하는 등 부모의 개입이 필요한 상황에서는 절대로 소리 지르거나 흥분해서는 안 된다. 차분한 어조로 아이들의 흥분을 가라앉히고 한 사람씩 개별적 공간으로 데려가 아이의 말을 들어주자. 그리고 침착하면서도 단호한 목소리로 함께 갈등을 해결할 방법을 논의하자.

평온을 되찾는 시간

방금 이야기한 것처럼 아이들끼리 서로를 때리고 발로 차며 물고 할퀴는 몸싸움이 벌어지거나 욕설이 오가면 반드시 부모가 개입해야 한다. 그러나 아이들의 목숨이 걸려 있는 위급한 상황이 아닌 이상 흥분해서 반응할 필요는 없다. 먼저 자신의 마음을 가라앉힌 다음 싸우고 있는 아이들을 신체적으로 분리시킨다. 한 장소에 있으면 싸움이 계속되므로 아이들을 한 명씩 안전한 장소로 옮긴다.

이때 부모는 더 많이 때리거나 공격한 것으로 보이는 아이에게 소리 지르거나 비난하지 않도록 조심해야 한다. 거센 공격을 할 수밖에 없었던 이유가 있을 것이므로 최대한 차분하게 대하자. 싸움으로 예민해진 아이들은 부모가 화를 내거나 비난하면 불안이 고조되면서 더욱 공격적으로 행동한다.

아이들 각자의 방이 있다면 그곳에서 잠시 '열을 식히는 시간'을 가지도록 한다. 상황이 여의치 않다면 한 아이는 거실 소파에, 다른 아이는 조금 떨어진 식탁 의자에 앉아 마음을 가라앉힐 수 있도록 돕는다. 흥분한 아이들을 야단치거나 혼내는 것은 오히려 감정을 격양시키므로 아이들이 치고받으며 싸운 이유가 궁금해도 묻지 말자. 아이들의 분리가 이루어졌다면 다음과 같이 말하며 진정할 시간을 준다.

"너희 둘 모두 다 화가 많이 났구나. 지금은 화를 식히고 마음을 가라앉힐 시간이 필요한 것 같아. 진정되면 무슨 일이 있었는지 얘기해보자."

어떤 아이들은 계속해서 "형이 먼저 때렸어!", "쟤가 먼저 약 올렸어!"라며 부모에게 계속 자신의 무죄를 어필하기도 한다. 두 아이 모두 억울함이 있겠지만 부모는 시시비비를 가리는 재판관 역할을 해서는 안 된다. 어느 한쪽의 편을 들어주어서도 안 된다. 부모는 아이들 모두의 변호사가 되어야 한다.

아이들이 어느 정도 진정되면 조금 전에 발생한 갈등을 적절히 표현하고 해결할 방법을 알려줄 차례다. 두 아이를 한자리에 모으자. 부모가 자기편이 되어주기를 바라는 아이들은 부모에게 안기거나 무릎을 차지하려는 또 다른 다툼을 벌이기도 한다. 이때는 아이들을 양쪽에 끼고 안아주거나 양옆에 앉힌 다음 손을 잡는 식으로 두 아이 모두를 배려하는 모습을 보여주자. 그리고는 유능한 사회자처럼 둘 사이에서 벌어진 일에 대해 이야기하도록 격려한다. 이 과정에서 아이들이 서로를 이해하고 중재안과 타협안을 도출할 수 있도록 지도한다.

이러한 과정을 보다 원활하고 성공적으로 이루기 위해 필요한 것은 '의사소통 기술'이다. 몸싸움을 비롯한 대부분의 형제자매 사이 갈등은 적절한 의사소통 기술이 부족한 것이 원인이다. 아이들이 명확한 언어로 자신의 감정과 욕구를 표현할 수 있다면 형제자매 사이의 갈등은 현저하게 줄어들 것이다. 만 3세 미만의 아이들이 신체적 공격을 많이 하는 것과 언어 발달이 더딘 아이들이 공격적인 행동을 많이 하는 것도 모두 의사소통 능력의 부족함 때문이다. 아이들 스스로 갈등을 해결하지 못한다면, 그리고 몸싸움과 불필요한 논쟁이 계속된다면 아이들의 의사소통 기술이 부족하지는 않은지 살펴보자.

이럴 땐 어떻게 해야 할까?

● 몸싸움으로 한 아이가 다쳤을 때

먼저 다친 아이를 돌봐주어야 한다. 이때 역시 가해자인 아이에게 화를 내거나 소리 지르지 않도록 조심한다. 다친 아이에게는 "형이 그런 거야?"라고 묻는 대신 "저런, 아프겠구나"라며 상처를 보살펴준다. 종종 "형이 그랬어", "나는 살살했는데 쟤가 먼저 내 장난감을 뺏어서 그런 거야…"라며 계속 싸움을 이어나가려는 아이도 있다. 하지만 아이의 상처를 돌봐주는 것이 우선이므로 아이들에게 "그래, 너희들 사이에 문제가 있었구나. 그 문제가 뭔지 이야기를 나눠야겠지? 하지만 그건 잠시 후에 하자. 지금은 상처부터 치료하자"라고 말해주자.

● 때린 아이는 맞은 아이에게 사과해야 할까?

한바탕 몸싸움이 벌어진 후, 부모가 아이들을 불러놓고 "미안하다고 말하고 악수해! 사랑한다고도 해야지", "이제 사이좋게 지내자고 말하고 뽀뽀해줘, 얼른!"이라는 의미 없는 사과와 화해를 강요할 때가 있다. 자신의 잘못과 실수를 인정하고 이로 인해 피해를 본 상대에게 사과하는 것은 올바른 행동이지만 진심으로 우러나오지 않은 영혼 없는 '미안해'는 오히려 상처 입은 아이를 자극할 뿐이다. 말로만 사과의 뜻을 표현하는 것보다는 아이가 자신의 잘못을 보상하고 만회할 수 있는 일, 즉 '보수'를 하도록 이끌어주는 것이 좋다.

● **어떻게 보수를 할까?**

화가 난 상태에서 자신의 잘못을 사과하거나 만회하려는 행동을 하기란 쉽지 않다. 따라서 상처를 준 아이의 감정이 평안해질 때까지 기다려주는 게 좋다. 아이가 진정되었다면 다친 형제에 대한 '사과'와 '보수'를 할 수 있도록 유도할 차례다. 제안을 받아들인 아이가 피해를 본 형제자매에게 "미안해"라고 말할 때 아이의 목소리를 유심히 들어보자. 퉁명스러운 말투와 표정으로 말한다면 좀 더 친절하고 부드럽게, 그리고 진심이 느껴질 수 있도록 해보라고 권유한다. 이때 부모는 결코 아이를 비난하거나 화를 내서는 안 되며 강요해도 안 된다.

"동생에게 사과하는 모습이 보기 좋구나. 너의 미안한 마음을 가장 잘 전달하는 방법은 동생의 얼굴을 쳐다보면서 친절하게 '미안해'라고 천천히 말해주는 것이란다. 너무 크고 빠르게 말하면 동생은 아직도 네가 화가 났다고 생각할 수도 있어. 다시 한번 너의 마음을 잘 전달해보렴!"

이렇게 아이의 시도를 칭찬해주면서 보다 적절한 방법으로 사과하도록 응원해주자.

사과와 더불어 자신의 잘못을 만회하고 상대의 피해를 보상하거나 위로해주는 행동인 '보수'도 유도해주면 훨씬 더 유연하게 문제를 해결할 수 있다. 만일 아이가 보수를 거부한다면 아직 감정의 앙금이 남아 있는 것이니 억지로 시키기보다 기다려주고 나중에라도 보수 행동을 할 수 있도록 지도해주면 된다. 보수를 하고 싶지만 방법을 알지 못하는 아이도 있다. 이럴 때 부모는 피해를 입은 아이의 상처를 다독일 수 있는 보수 방법을 제안해줄 수 있다. 형의 팔을 할퀴어서 상처가 났다면 엄마의 도움을 받아 동생이 형의 상처에 연고를 발라주고 밴드를 붙여주도록 하자. 동생의 머리카락을 잡아당겨 아프게 했다면 누나가 동생의 머리에 '호~'를 해주고 부드럽게 빗질을 해줄 수 있다. 동생의 블록 작품을 발로 찼다면 형이 동생을 도와 다시 블록을 만들어주는 것이다.

이러한 보수 행동은 사과보다 한 차원 높은 사회적 행위로 대인관계에서 발생한 갈등을 보다 빨리 해결해주는 역할을 한다. 보수 행동을 통해 자신의 잘못에 대해 적극적으로 책임지려는 아이의 태도는 비록 잘못했지만 이를 해결한 자기 자신을 긍정적으로 평가하면서 죄책감을 줄여주고 자존감을 높여준다.

형제애는 저절로 생기지 않는다

1. 정서지능 높이기

사람들 사이의 문제는 대부분 잘못된 혹은 비효율적인 의사소통에서 발생한다. 상대가 보내는 신호를 잘 알아차리고 자신의 요구나 감정, 생각을 오해의 소지가 없도록 분명한 방식으로 표현할 수 있다면 갈등은 발생하지 않을 것이다. 하지만 아직 발달이 미숙한 아이들은 명확하고 효과적인 의사소통이 어렵다. 때문에 나이가 어린 형제자매일수록 갈등은 더욱 자주, 격렬히 발생한다.

의사소통은 단순히 말을 잘하는 것이 아니다. '소통'은 일방적이 아닌 쌍방의 상호 호혜성을 기반으로 하므로 의사소통 능력에는 언어 능력뿐 아니라 정서와 사회성 발달 능력도 포함된다. 만일 자녀의 언어 능력에 비해 문제 상황에서의 의사소통 능력이 부족하다고 생각된다면 정서지능, 문제해결 기술, 협상 기술을 보다 중점적으로 아이에게 가르칠 필요가 있다. 가장 먼저 정서지능을 높이는 방법을 알아보자.

흔히 EQ라 불리는 정서지능은 자신의 감정과 다른 사람의 감정을 점검하고 구별하는 능력, 그리고 이러한 정보를 이용하여 자신의 사고와 행동을 적절히 조절해 원만한 인간관계를 만들어나가는 능력을 의미한다. 정서지능이 발달된 사람은 자신의 감정은 물론 타인의 감정도 정확하게 이해하며, 충동을 자제하고 불안이나 분노와 같은 감정을 통제할 줄 안다. 또한 상황에 따라 자신의 감정을 적절히 표현하며 자신의 삶에 도움이 되는 방식으로 자신의 감정을 조절해 집단 안에서는 다른 사람들과 서로 협력한다. 이처럼 정서지능은 감정에만 국한되어 있지 않고 타인과 어울려 살기 위한 사회성의 기초가 된다.

만일 언니가 소꿉놀이를 하는 동생의 인형을 빼앗았을 때 동생이 언니에게 화를 내며 달려들거나 울고 때리는 대신 "언니, 나 아직 인형 더 가지고 놀고 싶어. 조금만 더 놀고 빌려줄게. 그러니 지금 나한테 돌려줘"라고 말한다면 자매 사이의 충돌은 줄어들 것이다. 하지만 스스로 상황을 판단하고 감정을 다루며 언니를 설득하는 고도의 정서지능 능력을 가진 아이는 매우 드물다. 게다가 정서지능은 하루아침에 발달할 수 있는 능력이 아니며, 스스로 깨우치기에는 너무나 추상적이고 어렵다. 부모가 아이의 감정에 공감해주고, 감정을 올바른 방식으로 표현하는 방법을 알려주며, 상황에 맞게 감정을 조절하려고 애쓴 아이에게 칭찬과 격려를 해줄 때 정서지능은 조금씩 습득되고 발달할 수 있다. 본격적으로 아이의 정서지능을 키우는 방법을 알아보자.

감정에 관해 이야기하기

정서지능은 감정에 대한 인식에서부터 시작되므로 평소 아이들과 감정과 욕구에 관한 대화를 자주 나누는 게 큰 도움이 된다. 매일 저녁 아이와 하루 동안 일어난 일을 이야기하면서 그때 느꼈던 감정과 욕구에 대해 말해보자. 함께 대화하는 동안 발생한 감정과 욕구도 적절히 표현해준다. 예를 들어 가족이 모여 사과를 먹고 있는데 5살 딸이 엄마에게 사과를 포크로 찍어서 건네준다면 이렇게 말해주는 것이다.

"우리 지민이가 엄마에게 사과를 줬네. 엄마를 생각해줘서 기분이 정말 좋다. 고마워!"

아빠도 회사에서 일어난 작은 에피소드를 말해주며 아이와 함께 감정을 공유하자.

"오늘 아빠네 회사에 아주 중요한 일이 있었어. 그동안 열심히 준비한 일이 있었는데, 오늘 그걸 아빠네 팀이 할 수 있을지 없을지 결정했거든. 그런데 정말 슬프게도 아빠네 팀이 떨어지고 말았어. 다들 열심히 준비했는데 성공하지 못해서 화도 나고 마음도 아팠어. 그런데 당선된 다른 팀을 보니까 정말 잘했더라구. 그래서 아쉽지만 패배를 받아들이기로 했어."

평소에 감정과 욕구에 관한 대화를 많이 나눌수록 아이의 정서적 민감성도 높아진다. 이는 다른 사람의 입장을 보다 잘 이해하는 정서적 관대함이 높아지는 것이기도 하다. 종종 아직은 말이 능숙하지 않은 어린아이에게 너무 많은 말을 할 필요가 없다고 생각하는 부모도 있는데 이는 결코 옳은 생각이 아니다. 아이들은 태어나면서부터 부모의 동공이나 표정, 목소리 등을 관찰하면서 감정을 읽어내려는 노력을 한다. 걷기 시작할 즈음이면 말투와 표정만으로도 부모가 전달하려는 감정을 온전히 이해할 수 있다.

어린 동생이 고열로 젖을 토하고 자주 보채며 울 때 18개월 정도의 걸음마기 아이인 첫째에게 "아기가 많이 아파. 어제 병원에 갔는데 의사 선생님이 아기의 열이 아주 높다고 말해주셨어. 그래서 음식을 먹어도 소화가 안 돼서 토하는 거래. 소율이도 몸이 아플 때 기분이 나빠졌던 적 있지? 그래서 아이가 자꾸 울고, 네가 만지면 귀찮아하는 거란다"라고 말해주면 아기를 보며 불쌍하다는 표정을 짓고 아기가 울면 짜증 대신 걱정을 한다. 동생에 대한 질투심도 당연히 줄어든다.

아이의 감정과 욕구 해석하기

정서지능이 높은 사람은 자신이 무엇을 원하는지, 그것을 얻기 위해 어떻게 행동해야 하는지를 잘 알고 있다. 자신의 감정과 욕구를 안다는 것은 이를 충족하기 위한 건강한 방법을 선택하고 실행할 수 있다는 뜻이기도 하다. 따라서 부모는 아이의 행동을 통해 감정과 욕구를 파악하고, 아직 대화가 능숙하지 않은 아이 대신 감정을 표현하는 적절한 단어를 말해줌으로써 아이가 스스로 자신의 감정과 욕구를 확인할 수 있도록 돕는다.

"이 아이스크림이 먹고 싶었구나. 그런데 엄마가 먹지 못하게 해서 화가 났구나."

"처음 보는 물건이라 궁금하구나. 그래서 만지고 싶구나."

"갑자기 텔레비전이 꺼져서 놀랐구나. 뽀로로를 더 보고 싶은가 보네."

"고개를 돌리는 걸 보니 더 이상 밥을 먹고 싶지 않나 보네."

이처럼 아이가 충분히 유추할 수 있는 감정과 욕구를 말해주고 공감해주며 감정 및 욕구 해설자 역할을 하는 것이다.

두 돌이 지나면 아이는 단어와 짧은 문장으로 자신의 감정을 표현하기 시작한다. 이때 부모는 아이의 감정을 물어볼 수 있다. 아이의 언어 표현력이 나아질수록 좀 더 깊이 있는 감정에 대해 확인하는 것이 좋다. 아이가 스스로 선택한 자신의 행동과 그 결과에 관해 이야기를 주고받는 것이다.

"기분이 어떠니?", "네가 원하는 게 무엇이었니?", "그래서 어떻게 했니?", "그 방법이 효과가 있었니?", "그렇게 해서 네가 원하는 걸 얻었니?", "동생은 그때 기분이 어땠을 것 같니?", "다음에 그런 일이 또 생긴다면 넌 어떻게 할 것 같니?", "네가 원하는 걸 얻기 위해 해볼 수 있는 방법은 무엇이 있을까?", "그렇게 한다면 다음엔 어떤 일이 생길 것 같니?"

사소하지만 다양한 주제에 관해 대화를 나눌수록 아이의 정서지능과 사고력 발달에 큰 도움이 된다. 만일 아이가 부모의 바람과는 너무도 다른 대답을 한다면 어떻게 해야 할까? 가령 장난감을 두고 다투다가 동생을 밀친 형에게 "다음에도 이런 일이 일어난다면 어떻게 하고 싶니?"라고 물었다. 부모가 원하는 대답은 "다음에는 가위바위보로 순서를 정하는 게 좋을 것 같아요"였지만 아이는 "다음엔 동생을 꽁꽁 묶어서 꼼짝 못하게 하고 나 혼자서 가지고 놀 거야"라고 대답한 것이다. 이때 아이에게 당황하거나 실망한 모습을 보여서는 안 된다. 그저 "그렇구나, 그럼 그다음엔 어떻게 될까?"라고 반응하자.

아이와 감정과 욕구에 대한 이야기를 나눌 때 부모는 따뜻함과 유머 감각을 유지해야 하며, 비 판단적이고 비 평가적이어야 한다. 아이의 말을 경청하고 고개를 끄덕거리거나 아이가 한 말을 반복해 말해줌으로써 부모가 자신의 말을 귀담아들으며 존중하고 있음을 느끼게 해주자. 아이의 정서지능은 이때 발달한다. 아이가 기준 이상의 강한 감정을 나타낼 경우에는 "그때 일을 생각하면 지금도 화가 많이 나는가 보구나"라며 아이의 감정에 다시 한번 공감해주면 된다.

비난하지 않고 말하는 기술

아이가 자신의 감정과 욕구를 파악했다면 이제는 그것을 타인에게 올바르게 전달하는 방법을 가르쳐야 할 차례다. 가장 올바른 방법은 다른 사람을 판단하거나 공격하지 않고 자신의 욕구를 표현하는 '나-전달법'이다. 사람들은 갈등이 발생하면 상대를 탓하기 바쁘다. 싸움이 일어난 자리에서 가장 많이 듣는 말은 '너 때문에'. '네가 그렇게 해서'처럼 남을 탓하는 내용이다. 이러한 표현 방식은 '나-전달법'의 반대인 '너-전달법'이다. 이는 부모가 자녀들에게 특히 많이 사용한다. "너 때문에 힘들어서 죽겠다.", "너, 말버릇이 그게 뭐니?", "너희들은 눈만 뜨면 싸우는구나!"와 같은 말을 자주 들은 아이는 갈등 상황을 마주하면 그대로 사용한다. "네가 먼저 놀렸잖아!", "너 때문에 망쳤잖아!", "엄마도 우리 때리잖아!" 같은 말을 하는 아이가 있다면 가장 먼저 부모가 반성해야 한다.

갈등이 발생했을 때 반응하는 사람들의 속마음에는 '너의 행동이 나에게 이런 감정을 불러일으켰다는 걸 알아주었으면 해'라는 의미가 담겨 있다. 그런데 이때 '너-전달법' 방식으로 말하면 상대는 '내 감정이 상했으니 한판 붙어보자'라는 의미로 받아들인다. 상황은 이렇게 점점 나빠진다. 아이에게 상대를 비난하지 않으면서 자신의 속상한 마음을 전달하고 이해시키는 '나-전달법'을 알려주자.

6살 지후는 놀이터에서 신나게 놀고 있다. 저녁이 됐으니 집으로 돌아가자는 엄마의 말에 아이가 화를 내며 "엄마 미워. 바보 멍청이야'라며 소리를 질렀다. 이럴 때 대부분의 부모는 "뭐라고? 이 녀석, 버르장머리 없이 엄마한테 그게 무슨 말버릇이야. 엄마한테 혼 좀 나야겠다!"라고 말한다. 이는 명확한 너-전달법 방식이다. 그보다는 나-전달법을 사용해 아이의 잘못된 표현을 들은 엄마 자신의 감정을 말해주어야 한다. 나-전달법은 아이의 감정과 욕구를 헤아려주면서 동시에 엄마의 감정과 욕구를 알려줄 수 있기 때문이다.

"지후야, 놀이터에서 더 놀고 싶었니?(아이의 욕구). 그런데 엄마가 집에 돌아가자고 해서 속상했구나(아이의 감정). 하지만 엄마는 지후가 '바보 멍청이'라고 엄마를 놀리는 건 싫어(엄마의 감정). 그러니 이제부터 그런 말 하지마(엄마의 욕구)."

이렇게 아이를 비난하지 않으면서 자신의 감정을 명확하게 표현할 때 아이의 이해를 얻고 갈등을 해결할 수 있다. 다만 아이에겐 아직 상대의 마음을 온전히 이해하고 헤아려줄 마음의 여유가 조금 부족하다. 그러니 부모로부터 자신의 마음을 공감받고 나-전달법을 통해 자신의 감정과 욕구를 표현하는 습관을 들일 수 있도록 지도해주어야 한다.

'나-전달법'을 잘 사용하고 싶다면 다음을 기억하자. 순서는 뒤바꾸어도 상관없다.

첫째, 내 감정을 있는 그대로 말한다.

둘째, 나의 욕구를 설명한다.

셋째, 이러한 감정을 느끼게 된 이유를 말한다.

"나는 지금_____해(감정). 왜냐하면 _____(이유)

_____ 했으면 좋겠어(욕구)."

"엄마는 지금 걱정돼. 왜냐하면 5시에 치과 예약을 해서 지금 나가야 하는데 아직 너는 갈 준비가 안 된 것 같거든. 지금 빨리 준비하렴."

이렇게 갈등 상황에서 아이를 다그치는 대신 나-전달법으로 아이로 인해 생긴 감정과 욕구를 알려주자. 이런 과정이 반복되고 쌓이면 어느새 아이 스스로 나-전달법을 사용해 소통하기 시작할 것이다.

친사회적 행동 보여주기

친사회적 행동은 다른 사람을 돕는 것으로, 사회성의 최상위 단계다. 평소 이타적 행동을 잘하는 아이는 사람들에게 우호적 인상을 준다. 친사회적 행동을 하는 아이는 형제자매와 우애가 좋고 또래 사이에서 단연 인기가 높다. 갈등을 잘 해결하며 상대를 배려하고 양보하기 때문이다. 친사회적 행동은 아이가 다른 사람과 상호작용하여 사회적 관계를 형성하는 데 도움을 준다. 이는 정서지능의 향상으로 이어진다. 이 행동 역시 부모의 행동을 관찰하고 모방했을 때 발전한다. 또한 아이의 친사회적 행동에 가족과 주변 사람들이 칭찬과 격려라는 피드백을 보내면 강화된다. 따라서 평소 부모가 아이에게 다양한 친사회적 행동 모델이 되어주고, 아이가 그 행동을 모방할 때 적극적으로 긍정적 피드백을 보내는 것이 필요하다.

가족이 저녁식사 후 딸기를 먹던 중 마지막 하나가 남았을 때 엄마가 아이들에게 "오늘 딸기가 정말 달고 맛있구나. 그런데 딱 하나 남았네. 칼로 반 잘라줄게. 그러면 너희 둘 다 먹을 수 있겠다. 엄마, 아빠는 너희에게 양보할게"라고 하는 것도 친사회적 행동 시범을 보이는 것이다. 아내가 설거지 중이어서 전화를 받기 어려울 때 남편이 전화기를 아내 귀에 대어주는 것, 커다란 이불의 먼지를 털 때 부부가 양쪽에서 잡고 협력하는 것 모두 마찬가지다.

그런데 아이들은 일상 속 많은 일 중에 어떤 것이 친사회적 행동인지 감별하는 능력이 아직은 부족하다. 따라서 부부가 협업하여 아이들에게 무엇이 상대에게 도움을 줄 수 있는 행동인지를 구체적으로 말해줄 필요가 있다. 가령 설거지 중 걸려온 전화를 대신 귀에 가져다 대주는 남편에게 "여보, 고마워. 손이 물에 젖어서 전화를 받을 수 없었는데 당신이 도와줘서 편하게 통화를 했네!"라고 대답하고, 부부가 함께 이불의 먼지를 털면서 "둘이 같이하니까 훨씬 쉽게 끝낸 것 같아. 고마워!"라고 분명하게 말하는 것이다. 이런 모습을 보며 아이들은 어떤 행동이 상대에게 도움을 주는지 배우고 부모의 친사회적 행동을 따라 하기 시작한다.

이 외에도 아이의 친사회적 행동을 촉진하는 방법은 칭찬이다. 아이가 의도했든 의도하지 않았든 좋은 결과를 낳은 행동을 했을 때는 무조건 칭찬과 긍정의 피드백을 보내는 것이다. 동생이 잃어버린 장난감을 우연히 발견해 찾아준 첫째에게 "와! 동생이 잃어버린 장난감을 네가 찾아주었구나. 그거 동생이 정말 아끼는 거였는데. 동생은 언니가 찾아줘서 정말 좋겠네. 동생아, 언니에게 고맙다고 하렴!"이라고 말하며 아이의 행동이 동생에게 도움을 주었음을 일깨워준다. 백화점에서 엄마를 위해 문을 잡아주는 딸에게 "엄마를 위해 문을 잡고 있었구나. 덕분에 엄마가 편하게 나올 수 있었어, 고마워"라고 말한다면 아이는 자신이 착하고 협력적이며 배려심 있다고 느낄 것이다. 이런 깨달음은 아이의 자존감을 키워주는 동시에 스스로 좀 더 좋은 행동을 하고 싶게 만든다. 타인에게 도움이 되고 싶다는 생각은 나뿐 아니라 다른 사람의 상황까지 배려하는 정서지능 발달과 밀접한 연관이 있다.

때로는 행동 제한도 필요하다

상대의 욕구와 감정을 이해하는 것은 정서지능 발달에 매우 중요하다. 하지만 모든 상대에게 맞춰주고 양보하는 것은 건강한 정서 발달을 방해한다. 계속 양보하는 아이의 입장에서는 자신의 욕구를 충족시킬 수 없어 스트레스를 받는다. 반대로 늘 양보받은 아이 역시 가정이 아닌 외부에서 양보받지 못하는 경험을 하면 큰 스트레스를 받게 된다. 부모는 아이에게 자신의 감정과 욕구를 충족시키는 방법을 알려주는 동시에 상황에 따라 자신의 행동을 제한할 필요도 있음을 확인시켜준다.

다만 아이의 행동을 제한할 때는 아이의 의견을 무시하는 게 아니라 존중하는 태도를 보여주는 노력이 필요하다. 상대를 존중한다는 뜻은 따뜻한 미소와 표정, 부드럽고 친절한 말투를 통해 전달할 수 있다. 이런 태도를 보이면서도 아이에게 분명하고 단호하게 행동에 대한 제한을 설명해주자.

엄마가 가위질을 하고 있는데 아이가 자신도 가위가 필요하다며 사용 중인 가위를 낚아채는 상황이 발생했다고 상상해보자. 이럴 때 엄마는 "잠깐! 미안하지만 지금은 엄마가 가위를 쓰고 있단다. 이걸 다 하고 나면 그다음에 네가 사용할 수 있어. 조금만 기다리면 될 거야"라고 미소 지으며 말해주면 된다. 아이의 행동을 단호하게 제한하는 것이 두려워 "조금만 기다려주면 안 될까? 엄마 거의 다 됐는데…", "기다릴 수 있지? 못 기다려?"와 같이 애매모호한 화법을 사용하지는 말아라. 이런 표현은 제한이 아니라 제안이다. 제안은 듣는 사람이 결정하는 것이다. 안 되는 것과 그 이유를 분명하게 말한다고 해서 나쁜 부모는 아니다. 오히려 불명확한 표현이 아이의 감정에 혼란을 가져다준다. 혼란스러운 아이는 자신의 정서를 똑똑하게 다루지 못한다.

부정적 감정 해소하기

형제자매나 친구들과의 다툼으로 감정이 흥분되거나 자신의 기분을 적극적으로 표현했음에도 무시당했다고 느낄 때 아이들은 복잡한 정서지능을 사용하는 대신 본능이 이끄는 대로 반응한다. 아이가 부정적인 감정을 느꼈을 때 그것을 적절한 시기에 해소하지 못하면 자신의 감정을 똑바로 읽거나 표현하려는 의지를 상실한다. 정서 활용 능력이 떨어지는 것이다. 이를 막기 위해 부모는 아이의 부정적 감정을 해소하는 데 노력을 기울여야 한다. 가장 좋은 방법은 상대를 공격하지 않고 말로 자신들의 감정을 표현하도록 지도하는 것이다.

7살 예린이와 5살 예슬이는 지금 유치원 놀이를 하고 있다. 선생님 역할을 맡은 예린이가 예슬이에게 소리친다.

"너 자꾸 어디 가. 여기 앉아 있어야지. 넌 지금 선생님 말을 듣지 않아서 여기서 벌을 받고 있는 거란 말야. 빨리 와서 벌을 받으라구!"

예슬이가 발을 구르며 "싫어! 안 해! 언니 미워!"라며 옆에 있는 장난감들을 걷어찼다. 이 모습을 찡그리며 보고 있던 예린이가 예슬이를 생각하는 의자로 끌고 가기 시작했다. 예슬이는 그런 언니의 손을 뿌리치고 밀치며 뛰어간다. 두 아이 모두 갈등 상황에서 부정적 감정이 생겼다. 어떻게 해야 두 아이가 서로를 공격하지 않으면서 부정적인 감정을 녹이고 태워버릴 수 있을까? 지금부터 다음 대화를 통해 알아보자.

엄마: 저런, 지금 너희 둘 사이에 무슨 문제가 있는 것 같구나.

(예슬이가 엄마를 보더니 얼른 뛰어와 뒤로 숨었다.)

예린: 너 빨리 안 와? 그럼 너랑 안 논다.

예슬: 싫어, 메롱! 엄마한테 다 이를 거야.

(예슬이가 엄마에게 속삭인다.) 엄마, 언니랑 놀기 싫어. 언니가 선생님이라면서 나를 꼼짝 못하게 하고 야단만 쳐. 언니 맘대로만 해. 난 그런 놀이는 싫어.

엄마: 그런 일이 있었구나. 그럼 예슬이는 언니랑 놀고 싶지 않은 거니? 아니면 언니 맘대로 하는 게 싫은 거니?

예슬: 음…, 언니랑 노는 건 좋지만 언니가 맘대로 하는 건 싫어. 나도 선생님 하고 싶은데 언니만 선생님 하잖아. 난 나쁜 아이만 시키구. 그리고 막 야단쳐서 무섭단 말야.

엄마: 예슬이는 언니랑 놀고 싶지만 야단맞는 학생은 하고 싶지 않은 거구나.

예슬: 응. 가서 엄마가 언니 혼내줘.

엄마: 예슬이가 지금 엄마한테 한 것처럼 언니에게 네 맘을 이야기해보자.

예슬: 싫어, 무서워. 엄마가 해줘.

엄마: 혼자 하는 게 떨리는구나. 엄마가 함께 가줄게. 그리고 필요할 때 네가 말을 할 수 있도록 도와줄 거야.

(엄마는 예슬이의 손을 잡고 예린이에게 다가간다. 예린이는 모른 척하면서 뽀루퉁한 표정으로 놀이를 하고 있다. 예슬이는 주저하며 쉽게 입을 떼지 못한다.)

엄마: 예린아, 예슬이가 네게 할 말이 있대.

예린: 흥, 뭔데?

예슬: 언니 맘대로 하면 안 놀 거야.

예린: 놀기 싫으면 놀지 마, 흥!

엄마: 예슬아, 언니랑 놀이하기 싫다는 것은 아니었지? 언니와 어떤 놀이를 하고 싶은지 언니에게 좀 더 자세하게 말해볼까?

예슬: 응, 언니랑 노는 건 좋아. 재미있어. 근데 나도 선생님 해보고 싶어. 그리고 나쁜 학생은 하기 싫어. 언니가 야단치면 진짜로 무섭거든.

예린: 음…, 알겠어. 그런데 선생님이 두 명이면 이상하잖아. 누가 학생을 하지? 학생도 있어야 하는데?

예슬: 언니, 새싹반은 선생님이 둘이잖아.

예린: 맞다! 그럼 우리 새싹반 놀이하자. 너랑 나랑 선생님이고, 애네들(인형들)은 학생이야.

예슬: 좋아, 재밌겠다. 빨리 놀자, 언니.

이처럼 부모는 아이가 직접 상대에게 자기 생각과 감정, 욕구를 말할 수 있도록 지도하고 격려해주는 역할을 해야 한다. 종종 아이가 어렵게 입을 뗐음에도 상대가 이를 경청하지 않거나 계속 화를 내며 우길 때도 있다. 이럴 때 상대가 아이의 말을 경청할 수 있도록 지원해주는 것도 부모의 또 다른 역할이다. 사람들은 흥분하면 자기 생각에 빠져 상대의 말을 주의 깊게 듣지 못하거나 다른 의도로 해석하기도 한다. 아이가 용기 내 꺼낸 말이 무용지물이 되지 않도록, 부정적인 감정을 쌓아두지 않도록 소통의 분위기를 만들어 주자.

서로에게 제한을 설정하도록 코치하기

아이가 형제자매나 친구와 다투는 과정에서 상대가 아이의 욕구를 꺾는 일이 발생했을 때, 아이의 부정적 감정이 쌓이지 않도록 상대에게 제한을 설정하는 방법을 알려줄 필요가 있다.

변신 로봇을 갖고 노는 현이를 지켜보던 빈이가 벌떡 일어나더니 낚아채 달아났다.

현이: 내 거야! 형 바보, 멍청이!

엄마: 무슨 일이 생긴 것 같은데.

현이: 형아가 내 거 뺏어갔어, 으앙.

엄마: 빈이가 네가 놀고 있던 로봇을 뺏어갔구나. 그래서 놀라고 화가 났구나.

현이: 응, 형이 내 거 뺏었어. 혼내줘.

엄마: 현이는 빈이가 어떻게 해줬으면 좋겠니?

현이: 내 거 줘!

엄마: 그럼 빈이 형에게 '나는 형이 장난감 뺏어 가는 게 싫으니까 돌려줘'라고 말하자.

현이: 형아, 뺏는 거 싫어!

엄마: '내 로봇 돌려줘!'라고도 말해보렴.

현이: 내 로봇 돌려줘!

(빈이는 못 들은 척한다.)

엄마: 빈이야, 현이는 네가 물어보지도 않고 갖고 놀던 로봇을 뺏는 게 싫대. 그리고 갖고 간 로봇을 돌려달라고 하는구나.

(빈이가 말없이 현이에게 다가가 로봇을 건넨다.)

엄마: 현이는 형에게 원하는 것을 잘 말했고, 빈이는 동생의 말을 잘 들어주었구나. 두 사람 모두 참 기특하다.

창의적인 방식으로 감정 표출 지도하기

아직 자신의 감정을 조절하는 능력이 부족한 아이들은 몸 상태나 스트레스 자극에 더욱 예민하게 반응한다. 몸이 아프거나 스트레스를 받은 날 형제자매는 더욱 많이 싸우고 부딪친다. 반대로 기분이 좋아 흥분된 상태일 때도 다툼이 많아진다. 아직 상대의 감정이나 상황을 파악하는 능력이 부족해 상대의 컨디션과 상황과 상관없이 웃고 떠들기 때문이다. 모두 자신의 감정을 적절한 방식으로 표출하지 못해 갈등을 불러일으키는 셈이다.

동생은 감기에 걸려 힘이 없는데 유치원에서 축구 경기에 이긴 형이 신이 나서 동생에게 한 번 더 축구 경기를 하자며 손을 잡아끌면 어떻게 될까? 동생은 짜증을 낼 것이고, 형은 자신의 기분을 망친 동생에게 화가 나 갈등이 시작될 것이다. 학교에서 선생님에게 야단맞아 기분이 잔뜩 상한 오빠가 집에 돌아왔는데 콧노래를 부르며 블록을 쌓는 동생이 맘에 들지 않아 블록을 발로 차서 넘어뜨릴 수도 있다. 이럴 때 필요한 것은 훈육이 아니라 적절한 감정 표출 방법을 배우고 실천하는 것이다.

슬프고, 화가 나고 때로는 무언가를 던지고 싶은 감정이 잘못된 것은 아니다. 문제는 그러한 감정을 표현하는 방법이다. 우리는 흔히 이런 감정을 나 자신과 누군가에게 상처를 주거나 손해를 초래하는 방식으로 표출한다. 감정 조절이 어려운 어린아이일수록 더욱 그러하다. 그런 모습을 목격한 부모는 아이의 감정을 억압하며 참을 것을 요구한다. 얼마든지 적절한 방법으로 표현할 방법이 있음에도 말이다.

잔뜩 심술이 나서 동생의 블록을 망가뜨리는 오빠의 행동을 당장 멈추게 하려면 다른 방법으로 심술을 풀 수 있도록 유도하면 된다. 신문지 격파, 펀치백 치기, 다트 던지기, 종이 찢기, 풍선 터트리기, 쿵쾅 피아노 치기, 크게 소리 지르기 등은 때와 장소만 잘 선택하면 부정적인 감정을 해소하는 매우 훌륭한 방법이다.

인형을 이용해 형제자매를 신체적, 언어적으로 공격하지 않으면서 부정적 감정을 지금 당장 해소할 수도 있다. 사람은 때릴 수 없지만 화난 마음을 인형에게 푸는 방법을 제안하는 것이다. 다만 처음부터 인형을 주지 말고 그 전에 아이의 마음속에 가득 찬 에너지를 신체적으로 발산할 기회를 주자. 그다음 부모의 지도 아래 아이가 인형에게 부정적인 감정을 쏟아내도록 하는 것이다. 처음부터 인형을 주면 부정적 감정을 완전히 처리하지 못할 수 있으며 남은 분노는 인형이 아닌 실제 대상에게 향할 수 있다. 이 과정을 거친 뒤에는 부모에게 자신의 감정을 적절한 언어로 표현하고 이야기하며 감정 코칭을 해주자.

2. 문제 해결 기술 키우기

가장 해결하기 어려운 갈등은 미리 결론을 정해놓은 것이다. 이런 경우 상대가 나의 결론이나 정답에 동의하지 않으면 갈등은 영원히 해결되지 않는다. 갈등을 잘 해결하는 사람은 열린 마음으로 자신의 욕구뿐 아니라 상대의 욕구도 존중하며, 다양한 대안을 모색한다. 이기고 지는 방식이 아닌 모두의 욕구를 충족시키는 윈-윈 win-win전략을 이끌어내는 것이다. 이러한 방식의 문제 해결에 참여할 때 사회성이 발달하며, 갈등이 발생해도 해결할 수 있다는 자기긍정으로 인간관계를 맺을 수 있다.

아이가 둘 이상인 가정에는 반드시 형제자매 사이에 갈등이 존재한다. 그러나 부모의 적절한 지도만 있다면 외동아이보다 훨씬 유연하게 문제를 해결하는 기술을 갖게 된다. 그러니 형제자매 사이의 갈등을 두려워하고 괴로워하기보다 아이들의 사회성과 발달 능력을 키워주는 기회로 여기자. 아이들 스스로 갈등을 해결할 수 있다고 판단되면 부모가 개입할 필요가 없지만 그렇지 않다면 다음과 같은 방식으로 아이에게 문제 해결 기술을 알려주자.

침착한 모습 보이기

부모는 형제자매 사이 갈등을 개입하기 전에 반드시 스스로를 평온한 상태로 만들어야 한다. 흥분한 부모는 성급해지고 쉽게 감정적으로 반응하기 쉽다. 긍정적 문제 해결 기술은 고도의 정서적, 인지적 조절 능력을 필요로 한다. 부모가 먼저 자신의 정서와 사고를 잘 조절하는 모습을 보여야 한다. 부모의 평온한 모습은 아이들에게도 큰 위안을 준다. 아이들은 싸우고 화를 내면서도 부모가 화를 내지는 않을지, 자신의 마음을 몰라주는 것은 아닌지 등 눈치를 본다. 이러한 아이는 자신의 입장을 강조하며 변명이나 과장된 표현을 한다. 이는 갈등을 고조시키므로 부모는 가능한 침착하고 평온한 모습을 보이려고 애써야 한다.

문제가 있음을 알려주기

형제자매 사이의 갈등에 개입할 때 부모는 지금 이 상황에 문제가 있다고 분명하게 말해야 한다. 이때 부모가 반드시 기억해야 할 것은 '문제는 사람이 아니라 상황'이라는 사실이다. 따라서 어느 한 쪽을 비난해서는 안 된다. "너 또 왜 그러니?", "왜 화를 내니?", "고 집을 피우는 구나!"라며 아이들의 인성을 거론하지 마라.

또한 미리 부모가 상황을 규정해놓고 "서로 양보를 안 하는구나!", "약을 올리는구나!"라고 말하는 것도 문제 해결에 전혀 도움이 되지 않는다. 아직 아이들에게 어떤 이야기도 듣지 않은 상태이므로 부모가 확신할 수 있는 것은 아무것도 없다. 그저 "흠, 지금 여기에 어떤 문제가 있는 것 같구나", "큰소리가 나는 것을 보니 지금 너희들 사이에 어려움이 있어 보인다"라고 문제가 있음을 알려주는 것으로 시작하면 된다.

갈등의 원인 제거하기

만약 갈등이 '물건'에 관한 것이라면 이를 치운다. 문제가 해결될 때까지는 누구도 이를 가질 수 없는 것이다. 장난감 자동차를 서로 갖겠다고 티격태격 다투는 아이들 앞에 계속 장난감 자동차가 있으면 아이들은 문제 해결 과정에 집중할 수 없다. 상대가 먼저 자동차를 낚아채지는 않을까 온 신경이 쏠려 있기 때문이다. 좀 더 용이하게 문제를 해결하기 위해 갈등이 주요 원인을 눈앞에서 치우는 일이 우선되어야 한다. 그리고 문제가 해결되기 전까지는 아무도 그 물건을 가질 수 없음을 분명히 해둔다. 그래야 아이들은 불안한 마음 없이 문제 해결 과정에 집중할 수 있다.

아이의 생각을 평가하지 않기

아이들에게 각자 자신의 입장을 말할 기회를 주고, 부모는 아이들의 진술을 평가하거나 판단하지 않고 그대로 기술한다. 예를 들어 5살 진우가 "내가 덤프트럭을 가질 거야. 내가 먼저 잡았어. 그리고 아직 조금 밖에 갖고 놀지 못했어!"라고 말했다. 부모는 "진우는 덤프트럭을 갖고 놀고 싶구나!"라며 아이의 생각을 있는 그대로 말해준다. 이를 들은 4살 명우가 "나도 덤프트럭 좋아. 내 거야!"라고 한다면 이 역시 "명우도 덤프트럭을 갖고 놀고 싶은 거고"라고 말하며 두 아이의 생각을 확실하게 정리한다. 대화와 타협을 통한 문제 해결은 그다음이다.

가족 규칙을 우선하기

아이들의 갈등 상황에 대한 가족 규칙이 있다면 부모는 아이들에게 규칙을 상기시키고 실행하도록 지도하면 된다. 앞서 이야기한 진우와 명우의 경우 "우리집의 장난감 규칙에 따르면 함께 쓰는 이 덤프트럭은 먼저 집은 사람이 5분 동안 갖고 놀 수 있지? 그다음에 다른 사람이 놀고 싶어 하면 넘겨주는 거야. 진우가 먼저 잡았으니 명우는 조금 더 기다려야겠구나!"라고 말한다. 어린아이에게 5분은 꽤 긴 시간처럼 느껴질 수 있으므로 좀 더 수월하게 기다릴 수 있도록 부모가 대안을 제시하는 것도 좋다. "명우야, 형이 덤프트럭을 줄 때까지 엄마와 동화책을 보면서 기다리자. 여기 새로 산 재미있는 동화책이 있네"라며 이끄는 것이다.

아이의 동의 얻기

문제 해결 과정에서 아이들 각자의 입장을 들은 부모는 문제의 요점을 정리해주어야 한다. 그런 다음 아이들로부터 '바로 이것이 우리가 싸우게 된 문제의 핵심'이라는 동의를 얻어야 한다. "흠, 진우도 덤프트럭을 갖고 놀고 싶고 명우도 덤프트럭을 갖고 놀고 싶다는 거구나. 그런데 덤프트럭은 한 대밖에 없어. 그러니까 지금 너희들이 싸운 이유는 덤프트럭은 한 대인데 둘 다 이걸 갖고 놀고 싶기 때문이라는 거지? 맞니?"라고 문제를 분명하게 확인시켜주는 것이다. 이에 대한 이견이 없어야 다음 문제 해결 과정으로 넘어갈 수 있다.

문제 해결 과정에 아이들 초대하기

아이들이 자신의 문제에 대해 인정했다면 이제 본격적으로 문제 해결 과정에 아이들을 참여시켜야 한다. 부모가 일방적으로 이렇게, 저렇게 하라고 지시하는 게 아니라 논의를 통해 합의를 이끌어내는 과정의 시작이다. 부모는 다음과 같은 말로 이 중요한 여정을 시작할 수 있다.

"자, 그럼 우리 함께 생각해보자. 덤프트럭은 하나인데 사람은 둘이야. 서로 싸우거나 욕하지 않고 이 문제를 해결할 수 있는 방법은 뭘까? 생각나는 대로 말해보렴!"

해결책 함께 적어보기

아직 토론에 익숙하지 않은 아이들은 때때로 이 과정을 지루하다고 느끼거나 정신적 처벌로 생각하기도 한다. 성질이 급한 아이는 "몰라, 몰라", "너 가져. 안 해!"라며 상황을 끝내려고도 한다. 이때 필요한 것은 문제 해결 과정을 흥미롭게 연출하는 부모의 노력이다.

화이트보드나 커다란 종이를 준비한 뒤 갈등의 제목을 적는다. 그 밑에는 아이들이 말하는 모든 해결책을 적으면 아이들의 동기를 유발시킬 수 있다. 아이들은 처음에는 말도 안 되는 우스꽝스러운 해결책을 말하기도 하고 한쪽이 반대할 것이 뻔한, 자신에게만 유리한 일방적인 해결책을 내놓기도 할 것이다. 하지만 부모는 이에 대해 어떠한 평가도 하지 않고 모두 다 적는다. 처음엔 장난과 보복 같은 해결책들이 난무할지 몰라도 시간이 지날수록 제법 진지하고 괜찮은 해결책을 내놓기도 한다.

필요에 따라 부모도 해결책을 제안해볼 수 있다. "엄마도 생각난 게 있는데, 이건 어떨까? 가위바위보를 해서 이긴 사람이 먼저 하는 거야. 어때? 이것도 적어보자"라며 가능한 해결책을 제시하는 것이다. 어린아이들은 가이드라인을 살짝 제시해주면 그와 비슷한 해결책을 쏟아낸다. "엄마, 이건 어때? 가위바위보를 해서 지는 사람이 먼저 하는 거야!", "아니, 엄마. 묵찌빠를 해서 이긴 사람이 먼저 헤!" 이런 식으로 말이다.

해결책 평가하기

해결책이 다 나왔다면 점검하는 시간을 갖는다. 모두가 동의하지 않은 해결책은 제외시킨다. 이 과정에서도 아이들은 자신이나 상대가 내놓은 해결책을 수정하거나 첨가하기도 하며, 완전히 새로운 해결책을 제시하기도 한다. 그것 또한 모두 포함시켜 논의해나간다. 사실 이 과정에서 꽤 합리적인 해결책이 나오는 경우가 많다. 모두가 합의하는 해결책이 나올 때까지 평가는 계속된다.

함께 모니터링하기

모두가 합의한 해결책이 나왔다면 이를 공정하게 수행하겠다는 약속을 한다. 부모는 아이들이 약속을 잘 지키는지 지속적으로 관찰한다. 이 과정은 매우 중요하다. 첫 마음과 달리 실행 과정이 어렵거나 감독하는 사람이 없으면 약속을 지키고 싶은 마음이 줄어들기 때문이다. 아이들이 약속을 잘 지키면 칭찬을 아끼지 말자. 칭찬은 약속을 계속 지켜나가는 원동력이 되어줄 것이다. 또한 보다 효율적이고 합리적인 해결책을 만들기 위해 계속해서 아이들과 논의하는 태도를 갖자. 이는 아이들을 매우 훌륭한 문제 해결 능력자로 만들어줄 것이다.

가족 규칙 새로 정하기

문제 해결 과정을 통해 만들어낸 해결책이나 약속을 가족 규칙에 첨가하자. 미래의 문제 해결을 보다 쉽게 만들어줄 것이다.

"애들아, 그러니까 너희들이 정한 해결책은 '장난감을 먼저 집은 사람이 5분 동안 사용한다. 5분이 지나면 다음 사람에게 양보한다.'였잖니? 이제 이걸 우리집 장난감 규칙으로 정하려고 해. 그러면 앞으로 장난감 때문에 싸우는 일은 줄어들 거야. 너희들 생각은 어떠니?"

아이들의 의견을 묻고 동의하면 가족 규칙에 추가한다. 때때로 아이들의 동의를 구할 필요 없이 부모가 가정 규칙을 제시해야 할 때도 있다. 예를 들어 '때리지 않기', '욕하지 않기'는 당연히 지켜야 하는 일이므로 아이들의 허락과 동의를 구할 필요는 없다. 하지만 아이들이 스스로 참여해 만들어낸 해결책을 가정 규칙에 적용할 때는 아이들의 의견을 구하는 것이 좋다. 자신이 만든 해결책이 가정 규칙이 된다는 것에 자부심을 느끼며 보다 잘 지키려고 노력할 것이다.

형제자매 갈등 해결 연습

7살과 5살 형제가 칼싸움을 하면서 놀고 있다. 신나게 웃고 떠드는 것도 잠시 "야, 하지 말라구!", "형이 먼저 그랬잖아!"라며 큰 소리가 나기 시작했다. 지금껏 이야기한 문제 해결 기술을 사용해 두 아이와 엄마가 갈등을 해결하는 과정을 함께 살펴보자.

엄마	방에서 큰 소리가 나네. 무슨 일이 일어난 것 같은데. 지금 너희 둘 사이에 안 좋은 일이 있니? 💙 문제가 있음을 인식하고 아이들의 다툼에 개입할 것인지 고민한다.
형	엄마, 쟤가 칼로 내 머리를 쳤어.
동생	형이 졌어, 내가 이겼다.

형	야, 진짜로 치면 어떻게 해. 아프잖아.
동생	지금 전쟁이라구! 형은 죽었으니까 내가 이겼어. 그리고 아까 형도 내 머리 쳤잖아.
형	그건 모르고 한 거잖아. 그리고 그건 안 아팠잖아.
동생	형도 안 아프잖아.
형	넌 진짜로 아프게 때렸잖아.
엄마	지금 너희 둘이 칼싸움 놀이 중이었구나. 그런데 형은 동생이 칼로 머리를 쳐서 화가 났네. 아프기도 했고. 동생은 싸움 놀이하면서 친 건 어쩔 수 없는 건데 형이 화를 낸다고 생각해 속상한 것 같네. 그것 때문에 다투고 있는 중이었니? 💙 비판 없이 문제 상황을 기술하며 아이들이 그에 대해 동의하는지 확인한다.
형, 동생	네.
엄마	즐겁게 놀다가 이런 문제가 생겨서 너희들도 속상하겠다. 이 문제를 어떻게 해결하면 좋을까? 💙 문제에 대해 공감해주며 아이들 스스로 문제를 해결할 수 있도록 유도한다.
형	동생이 나한테 미안하다고 해야 해요.
동생	칼싸움인데… 칼로 쳐야 이기는 건데.
엄마	그러니까 형은 동생이 아프게 한 것을 사과했으면 좋겠구나. 그리고 동생은 칼싸움이니까 당연히 칼을 휘둘러야 한다고 생각하는구나. 💙 각자의 생각과 욕구를 명확하게 정리해준다.
동생	네, 칼을 사용하지 않으면 어떻게 칼싸움에서 이겨?

엄마	아, 그런 문제가 있었구나. 칼싸움이니까 이기고 지는 게 있을 텐데 그걸 정하는 게 문제구나. 일단 그 문제는 조금 뒤에 이야기하기로 하고, 먼저 우리집 규칙에 대해 말해볼까? 첫 번째 규칙이 뭐지? '절대 사람을 때리지 않는다.' 모두 알지? 칼싸움 놀이라도 때리는 건 안 돼! 💜 문제 해결의 우선순위를 정한다. 문제 행동과 관련한 가정 규칙이 있다면 이에 대해 상기시켜준다.
동생	일부러 아프라고 때린 거 아닌데. 싸움 놀이라서.
엄마	싸움 놀이라서 괜찮은 줄 알았구나. 일부러 형을 아프게 하려고 때린 것도 아니었던 거구. 그럼 이런 네 생각을 형에게 말해주렴. 그러면 형의 마음도 좀 풀릴 거야. 괴롭히려고 한 게 아니지만 때린 것에 대해 미안하다고 사과하면 정말 멋질 것 같다. 💜 아이의 말에 공감해주면서 자신의 잘못에 대해 사과할 수 있도록 지도한다.
동생	형, 미안해! 아팠어? 형을 아프게 하려고 한 게 아니야.
형	알았어. 다음엔 조심해.
엄마	와, 사과하고 그걸 받아주는 너희들의 모습이 정말 멋지구나. 감동적이야! 💜 아이들의 화해를 열정적으로 칭찬해준다.
엄마	이제 그 문제는 해결이 되었는데, 너희 둘은 다시 칼싸움 놀이를 할 거니?
형, 동생	네!
엄마	싸웠지만 화해하고 다시 함께 놀이를 한다니 정말 좋구나. 그럼, 아까 동생이 궁금해했던 점에 대해 이야기해보자. 동생이 아까 그랬지? 칼싸움을 할 때 서로 칼로 찌르고 때리지 않고 어떻게 이기고 지는 것을 결정하냐고. 💜 앞으로 발생할 수 있는 갈등을 예방하기 위한 방법에 대해 논의하기 시작한다.
형, 동생	맞아요. 어떻게 해야 이길 수 있지?

엄마	그럼, 이제 우리 그 방법에 대해 이야기해보자. 칼싸움의 승패를 결정하는 방법에 대해. 엄마가 종이와 연필을 가져올게. 우리가 생각한 것들을 잊지 않게 적어보자. 자, 시작해 볼까? 생각나는 대로 말해보렴. 일단 생각한 걸 다 적어보고 그중에서 가장 맘에 드는 방법을 골라보자. 💜 아이들이 해결책에 대해 말하는 동안 이를 부지런히 적는다. 아이들의 의견을 평가하거나 토를 달지 않는다.
형	음… 그럼, 배만 찌르는 거로 할까? 배를 많이 찌른 사람이 이기는 걸로.
동생	형아, 엉덩이로 하자!
형	칼을 바닥에 먼저 떨어뜨리는 사람이 지는 거야! 아니면 지금 저 장난감 칼은 찔러도 아프니까, 신문지 칼로 만들어서 할까? 그래서 많이 맞은 사람이 지는 걸로?
동생	아, 유치원에서 이렇게 했어! 엉덩이에 풍선을 달아서 먼저 터트리는 사람이 이긴 거야.
형	이건 어때? 방석을 가슴에 묶고 거기 공격하기. 열 번 공격 성공하면 승리!
엄마	많은 생각을 했네. 여기 다 적었어. 더 생각나는 게 있으면 또 말해보렴. 💜 여러 대안을 생각하도록 격려한다.
형, 동생	이제 없어요.
엄마	그럼, 이제 여기에서 골라보자. 중간에라도 좋은 생각이 나면 말해도 좋아. 자, 1번부터 볼까? '배만 찌르기.' 그런데 우리집 규칙이 뭐지? '절대로 때리지 않는다'니까 '배만 찌르기'랑 엉덩이만 찌르기'는 탈락. 3번을 보자. '칼을 먼저 떨어뜨리는 사람이 진다.' 너희들 의견은 어떠니? 💜 의견을 수렴한 후 평가를 시작한다. 이때 아이들이 낸 의견 중 가족 규칙을 위반하는 게 있다면 말해준다.
형	난 좋아요.
동생	난 싫어! 난 형보다 손에 힘이 없어서 칼을 잘 떨어뜨린단 말야!

엄마	그럼 이건 동그라미 1표, 엑스 1표. 우린 동그라미가 2표 나온 것 중에서 결정할 거야. 그러니 이것도 탈락! 자, 다음 4번. 신문지 칼. 이것도 1번, 2번처럼 때리는 거니까 탈락. 자, 5번으로 넘어갑니다. '상대의 엉덩이에 달린 풍선 먼저 터트리는 사람이 승리!' 이건 어때? 💜 순서대로 아이들이 낸 의견에 대해 평가한다.
형, 동생	좋아요!
엄마	그럼, 5번은 동그라미 2표! 이제 6번 차례입니다. 6번은 '가슴에 방석을 묶고 그곳을 10번 먼저 찌르는 사람이 이긴다.' 💜 아이들이 해결책을 결정하는 과정에 흥미를 느끼도록 진행한다.
형	난 좋아!
동생	나도 좋아!
엄마	그럼 이것도 동그라미 2표! 우리가 적은 건 다 했는데, 또 다른 생각이 난 사람은 말해주세요!
형, 동생	없어요!
엄마	좋아, 그럼 3번은 동그라미 1표, 엑스 1표, 5번, 6번은 동그라미 2표. 우린 동그라미 2표 고를 거니까 3번은 자동 탈락! 5번이랑 6번 중에서 하나를 선택하자. 💜 두 아이 모두 동의한 해결책 중에서 최종 선택을 하도록 지도한다.
형	난 둘 다 좋은데. 너는 어때?
동생	나도 둘 다 좋은데.
형	엄마, 지금 집에 풍선 있어?
엄마	응. 지난번에 사다 놓은 풍선이 아직 많이 남아 있단다.
형	그럼 우리 5번으로 해보고, 재미없거나 안 좋은 게 있으면 6번으로 바꿔서 해보는 건 어때?

동생	찬성!
엄마	와, 동생의 의견을 물어보는 모습이 참 보기 좋구나. 동생도 형의 말을 잘 들어주었고. 너희 이야기를 들어보니 상대 엉덩이에 매달린 풍선을 먼저 터트리는 사람이 이기는 것으로 정한 것 같은데, 맞니? ❤️ 의견 수렴 중 긍정적인 행동이 나오면 이에 대해 적극적으로 칭찬해준다.
형, 동생	네!
엄마	(판사처럼 망치를 두드리는 시늉을 하며) 자, 이제 판결을 내리겠습니다. 이번 칼싸움 놀이에서의 승리자는 상대의 엉덩이에 달린 풍선을 먼저 터트리는 사람으로 정하였습니다. ❤️ 최종 선택된 해결책을 다시 한번 정리해 말해준다.
형, 동생	와, 짝짝짝(박수).
엄마	아까는 다툼이 있었지만 너희들이 서로 화해하고 생각해서 문제를 해결하는 방법을 찾아냈구나. 정말 자랑스럽다! ❤️ 문제 해결 과정에 적극적으로 참여한 아이들에 대해 칭찬과 격려를 아끼지 않는다.

3. 협상 기술 배우기

협상은 상대의 협조나 희생을 강요하지 않으며 자신의 욕구도 충족시키는 갈등 해결 기술이다. 아이들이 협상 기술을 잘 사용하면 보다 좋은 형제자매 관계를 유지할 수 있다. 협상은 양쪽이 모두 만족할 만한 수준으로 합의에 이르렀을 때 이루어지므로 본질적으로는 다양한 대안을 모색해야 하며, 동시에 고도의 의사소통 기술을 필요로 한다. 이는 언어 능력과 사회성이 완전히 발달하지 않은 아이들에게는 어려우므로 평소 부모가 협상하는 모습을 보여주거나 직접 경험해볼 수 있도록 지도해야 한다.

본격적으로 협상에 들어가기 전, 성공적인 협상을 위해 상대에게 호감을 줄 수 있는 태도를 보이는 것을 먼저 배워야 한다. 얼굴을 찌푸린다거나 팔짱을 끼고 몸을 뒤로 젖힌 채 상대에게 말하는 태도는 거부감을 불러일으키기 쉽다. 협상을 유리하게 만들기 위해서는 고개 끄덕이기, 눈 마주치기, 미소 짓기, 몸을 살짝 앞쪽으로 기울이는 등의 행동을 보여주는 것이 좋다. 이는 상대방의 말에 집중하고 있다는 것을 나타내는 행동이다. 부모가 아이와 대화를 나누거나 타협과 논의를 해야 할 때 이러한 태도를 취해야 하며, 아이가 불쾌감을 자아내거나 기분 좋게 하는 행동을 했을 때는 그것이 상대에게 어떤 느낌을 주는지도 알려주어야 한다.

"엄마가 말할 때 네가 쳐다보지 않으면 엄마 말을 듣고 있는지 알 수 없어서 마음이 불안해!", "엄마가 말할 때 고개를 끄덕여주면 엄마 기분이 좋아진단다. 네가 엄마 말을 이해하고 있다고 느껴지기 때문이지"라며 대화를 원활하게 하는 비언어적 의사소통법에 대해 알려주는 것이다. 협상을 위한 분위기가 만들어졌다면 이제부터 본격적으로 협상의 기술을 사용해볼 차례다. 다양한 협상 기술을 함께 알아보자.

거래하기

"네가 그걸 주면 나는 이걸 줄게."

아이에게 원하는 것을 그냥 가질 수는 없다는 것을 알려주는 것이 협상의 시작이다. 원하는 것이 상대에게 있다면 그것을 얻기 위해 무엇을 내어줘야 할지를 생각해야 한다.

동생이 갖고 있는 카드가 맘에 들었다면 형은 그 카드를 얻기 위해 동생이 평소에 탐내던 자신의 미니카와 교환하자고 제안할 수 있다. 서로의 것을 바꿔서 원하는 것을 얻는 것은 두 아이 모두가 만족할 수 있는 협상이 된다.

달콤한 거래

"난 정말 그걸 원해. 내가 이거 하고 이것도 줄 테니까 그거 줄래?"

거래 당사자가 손해보지 않았다고 느낄 때 협상이 성사될 가능성은 높아진다. 따라서 협상이 성사되길 원하고, 상대가 나의 요구를 들어주기를 바란다면 상대가 솔깃할 만한 거래를 제안할 필요가 있다.

형이 갖고 싶어 하는 동생의 카드가 동생에게도 소중한 것이라면 형은 그 카드를 얻기 위해 더 많은 대가를 치러야 한다. "네가 가진 그 카드가 정말 마음에 들어. 이거 네가 갖고 싶어 했던 미니카지? 이 미니카랑 형이 정말 아끼는 로봇 그림이 있는 지우개를 함께 줄게. 그 카드랑 바꾸자!"

이런 전략은 특히 어린아이에게 유용하다. 아이들은 크고 양과 개수가 많으면 더 좋다고 생각하기 때문이다. 한 장의 카드와 물건 두 개의 교환은 어린아이의 입장에서 충분히 매력적인 거래처럼 여겨질 수 있다.

차례 지키기

"난 지금 네게 이걸 줄 수 없어. 하지만 5분 뒤에는 줄 수 있어."

하나의 물건을 두고 다투는 아이들에게 무조건 기다리라고 하거나 안 된다고 하면 갈등이 심해질 수 있다. 이때 아이에게 제한을 분명히 해줌과 동시에 언제, 어떻게 제한이 풀릴지를 알려주면 조금은 수월하게 상황을 받아들인다.

"지금 이걸 가지고 놀고 싶구나. 그런데 누나도 지금 막 시작했거든. 누나가 조금만 더 하고 네가 가지고 놀 수 있게 해줄게"라고 말하는 것은 친절한 의사소통 방식이다. 이렇게 말하는 형제자매들은 서로에게 화내는 일이 거의 없다.

순서 거래하기

"내가 먼저 할 수 있게 양보해주면 네 차례엔 5분 더 해도 돼."

새치기는 어른이나 아이 모두에게서 싸움거리가 된다. '순서 지키기'는 아이들이 중요한 도덕적 규칙이라고 생각하는 것이므로 순서를 앞당기거나 바꾸고자 한다면 반드시 상대에게 반드시 양해를 구해야 한다는 것을 알려주자. 또한 양보와 배려해준 상대에게 보상해주어야 한다는 것도 알려줘야 한다. 언제 어디서나 자신이 가장 우선이라고 생각하는 아이들은 물질적, 심리적 보상이 주어지지 않으면 타인의 편의를 봐줄 마음이 생기지 않는다. 지금의 양보가 큰 즐거움과 이득으로 이어진다는 것을 알면 양보심과 배려심은 더욱 커질 것이다.

나누기

"네가 나누면 내가 고를게."

형제자매가 함께 해나갈 수 있는 일은 많다. 하지만 아직 협업과 분업의 개념을 이해하지 못한 아이들은 하나의 활동을 여러 명이 나눠서 한다는 해결책을 떠올리기 어렵다. 평소 아이들과 하나의 활동을 함께하거나 공동 작업의 기회를 많이 제공했다면 아이들은 갈등 상황에서 협업을 제안할 수 있다. "너는 이거 해, 나는 저거 할 게"라며 충돌을 피하는 기술을 저절로 습득하는 것이다.

크리스마스 케이크의 촛불을 서로 끄겠다고 싸우는 아이들에게 한 사람에게는 촛불을 끄고, 다른 한 사람에게는 케이크를 자르는 역할을 주면서 협업을 제안한다. 먹을 것을 두고 다툴 때도 '나누기' 협상 기술을 사용할 수 있다. "그럼, 진아가 과자를 똑같이 나눠줄 래? 그리고 어떤 것을 먹을지는 민아가 골라보자. 아니면 반대로 민 아가 나누고 진아가 고를 수도 있어."

협력하기

"같이 치우자. 그럼 우리 공원에 더 빨리 갈 수 있을 거야."

협력하는 아이들의 유대감은 강화된다. 하지만 갈등 상황에 빠진 아이들은 자신의 입장부터 생각하며 좀처럼 협상이 쉽지 않다. 평소 부모와 함께 협력과 공유 활동을 해온 아이들은 형제자매뿐 아니라 타인과도 원만한 대인관계를 이룬다.

장난감을 치우고 공원으로 산책을 가기로 했는데 두 아이가 장난감을 치우지 않겠다고 하거나, 서로 더 적게 치우겠다고 싸운다고 하자. 외출 시간은 점점 늦어지고 산책을 갈 수 없을지도 모른다. 이럴 때는 공동의 목표를 상기시켜 경쟁과 갈등이 아니라 협력으로 유도하는 부모의 지도가 필요하다. 이런 지도를 많이 받은 아이는 "우리 이것 갖고 싸우지 말자. 노는 시간이 자꾸 줄어들잖아"라고 말하며 협상을 이끌어낼 수 있게 된다.

규칙 만들기

"칼싸움 놀이할 때 얼굴이나 머리는 공격하지 말기로 하자. 그건 너무 위험하니까. 이걸 우리의 칼싸움 놀이의 새로운 규칙으로 하자. 어때?"

서로의 안전과 행복을 위한 규칙을 제안하는 것은 앞으로 발생할 갈등을 예방하는 좋은 방법이다. 이때는 아이에게 일방적으로 규칙을 강요해서는 안 되며 제안하고 합의를 이끌어내는 것이 중요하다. 아이들은 자신의 의견을 물어보고 존중해주는 상대에게 호감을 느끼며 좀 더 협력적으로 반응한다. 이렇게 서로의 합의를 거쳐 만들어진 규칙은 지킬 가능성이 높다.

합의서 쓰기

"종이에 그걸 쓰고 사인하자."

계약서나 합의서는 협상의 완결을 뜻한다. 서로 합의한 내용을 문서화 했을 때 협상은 더욱 강력한 힘을 가진다. 아이들의 발달 수준에 따라 글 대신 그림이나 상징을 넣어 합의서를 작성할 수도 있다. 새롭게 만든 규칙이 익숙해질 때까지 집 안의 잘 보이는 곳에 합의서를 붙여놓자. 아이들이 규칙을 위반하거나 그럴 조짐을 보일 때 잔소리할 필요 없이 합의서를 가리키는 것만으로도 규칙을 상기시킬 수 있다. 덕분에 부모의 잔소리는 줄어들고, 형제자매 관계뿐 아니라 부모와 자녀 관계도 더욱 돈독해질 것이다.

4. 경쟁 줄이기

'소 잃고 외양간 고친다'는 오래된 속담이 주는 교훈처럼 형제자매 사이의 갈등은 다툼이 일어난 뒤 문제를 해결하는 것보다 갈등이 일어나지 않도록 미리 예방하는 것이 가장 중요하다. 형제자매 간의 갈등을 예방하는 기본 원칙은 앞에서 다루었으므로 여기에서는 갈등의 가장 큰 원인인 '형제간 경쟁 줄이기'와 아이들의 우애를 높일 수 있는 '유대감 높이기'를 살펴보고자 한다.

첫째와 둘째 아이의 경쟁은 필연적일 수밖에 없지만, 부모의 특정 행동과 표현이 경쟁을 부추기기도 하고 줄여주기도 한다. 특히 두 아이의 비교를 일삼는 가정에서 자란 아이들은 치열한 경쟁의식을 바탕으로 작은 일에도 다투기 쉽다. 다음은 형제자매간 경쟁을 줄이는 데 도움이 되는 부모의 태도다.

불공평에 공감하기

'공감'은 모든 대인관계의 갈등을 해결하는 첫걸음이다. 형제자매를 키우는 부모라면 아이에게서 "엄마는 동생만 좋아해", "아빠는 나만 미워해"라는 말을 들어보았을 것이다. 이런 말을 들은 부모는 "아니야, 엄마가 너를 얼마나 사랑하는데", "아빠가 널 왜 미워해. 아까 야단친 건 네가 다칠까봐 그런 거야"라고 반응한다. 이런 표현은 공감도 아니고 부모의 자기변명일 뿐이다.

공감은 사실 여부와 관계없이 상대가 느끼는 감정을 그대로 받아들이는 것이다. 아이의 말에 공감할 때는 구구절절한 이유와 사실에 대한 설명은 필요 없다. 그저 "네가 그렇게 느끼는구나"라는 판단과 비난 없는 수용만이 존재한다. 아이에게 따뜻한 표정과 말로 "엄마가 동생을 더 좋아한다고 생각해서 많이 서운했구나"라고 말해주자. 아이들은 늘 부모의 사랑과 관심에 목마름을 느낀다. 자신을 향한 애정이 다른 형제자매에게 보내는 것보다 작다며 불평을 호소하는 아이에게 부모가 보여줄 최초의 반응은 반드시 공감이어야 한다.

부모가 자신의 감정에 공감했다고 느낀 아이는 서운함과 분노를 가라앉힌다. 이때 생산적이고 이성적인 대화와 토론을 시작하자. 아이가 어떤 부분에서 서운함을 느꼈는지, 그리고 무엇을 원하는지 구체적으로 이야기를 나누는 것이다. 부모에게서 경청과 공감을 경험한 아이들은 형제자매를 경쟁 상대가 아닌 공감대를 형성하는 동지로 여긴다.

비교와 경쟁에 낚이지 않기

아이들은 걸핏하면 수시로 형제자매를 걸고넘어진다. 숙제를 하지 않아 야단을 쳤더니 "엄마는 동생하고만 놀고, 나랑은 놀아주지도 않으면서"라며 상관없는 동생을 들먹거리고, 책상을 정리하라고 하면 "언니도 안 치우잖아"라고 소리친다. 학습지를 하고 나서 "엄마, 오빠는 안 했지? 난 벌써 다 했는데"라는 묘한 말하기도 한다. 이럴 때 부모는 자신도 모르게 "너나 잘해", "동생은 아직 어리잖아", 혹은 "언니가 뭘 안 치워. 언니는 너보다 정리정돈을 잘하는데", "그러게, 오빠는 3학년인데도 아직 잘 못하네"라며 무심코 두 아이를 비교하는 말을 한다. 이는 형제간 경쟁을 부추기는 시발점이 된다.

아이들이 먼저 형제자매 사이 경쟁을 부추겨도 절대로 동조해서는 안 된다. 지금 부모와 함께하고 있는 아이와 그 상황에만 주목하자. "밀린 숙제를 하려니까 짜증이 나는구나", "책상 정리를 해야 하는데 귀찮은 거 같구나", "와, 학습지를 다 끝냈구나"라며 아이의 행동과 감정 자체에만 집중해 피드백하자. 아이들이 파놓은 '비교의 함정'에 빠져서는 안 된다.

욕구에 기반한 물건 사기

둘 이상의 아이를 키우는 부모는 물건을 살 때마다 아이들 모두 같은 것을 사줘야 하는가라는 딜레마에 빠진다. 부모 생각에는 똑같은 장난감을 두 개씩 사는 것보다 각자 다른 장난감을 사면 더 재미있게 놀 것 같다. 두 아이가 모두 〈로보카 폴리〉를 좋아해 폴리 장난감 2개 대신 폴리와 헬리를 사주었다. 형은 헬리를, 동생을 폴리를 갖기로 했지만 집에 돌아온 큰아이가 폴리를 가지고 놀겠다고 떼를 쓰기 시작했다. 기본적으로 경쟁 관계에 놓인 형제자매는 내 손에 쥔 것보다 상대의 손에 쥐어진 것에만 관심을 쏟는다. 그러니 똑같은 게 아니면 싸움으로 이어질 수밖에 없다. 좀 더 다양한 장난감을 가지고 놀기를 바라는 엄마의 마음은 이해되지만 그보다는 아이들의 욕구를 존중해줄 필요가 있다.

한편 아이들이 장난감이나 물건을 두고 다투는 것이 싫어 무엇이든 똑같이 사주는 경우도 있다. 이 방법은 소유에 대한 경쟁과 갈등을 예방할 수는 있지만 아이가 스스로 원하는 물건을 요구할 기회를 빼앗는 것이다. 결과적으로 아이의 자기 주도성을 잃게 만든다. 게다가 가정의 경제 사정도 무시할 수 없다. 따라서 무조건 같은 것을 사는 게 아니라 아이가 원하는 것, 또는 필요로 하는 것을 사줘야 한다. 다만 가격 제한을 두어야 한다. 두 아이 모두 비슷한 금액 안에서 각자의 욕구에 맞는 것을 구매할 수 있도록 유도하자.

이를 통해 아이들은 '형(동생)이 가졌으니까 나도 가져야 한다'는 경쟁적인 생각 대신 '내가 원하는 것, 필요로 하는 것은 무엇이지?' 라고 생각하며 보다 신중한 구매를 하게 된다.

무조건 사랑해주기

심리 이론 가운데 '인정 자극stroke'이라는 것이 있다. 애무, 접촉, 소리, 관심 등의 생물학적 자극을 뜻한다. 인간은 평생 인정 자극을 구하며 살아간다. 인정 자극은 긍정적-부정적, 언어적-비언어적, 조건적-무조건적으로 나뉜다. 이들 기준에 따라 다양한 인정 자극이 생겨난다. 가장 좋은 인정 자극은 무조건적이며 긍정적인 것이다. 하지만 우리는 주로 조건적 인정 자극을 보여준다. 아이가 무언가를 잘했을 때 칭찬하고 좋아하며, 잘못했을 때는 혼낸다. 아무것도 하지 않은 아이에게 애정을 보내고 칭찬하는 일은 거의 없다.

아이에게 절대로 하면 안 될 말이나 행동이 있다. 바로 '조건적 사랑'이다. 조건적 인정 자극은 아이에게 자신도 모르게 부모의 칭찬과 관심에 기준을 정하게 만든다. 그 기준을 넘지 못하면 사랑받지 못할 것이라는 두려움을 심어주는 것이다. 이 세상에서 조건 없는 사랑이 가능한 관계는 '부모와 자식'이 유일하다. 그만큼 특별하다. 쉽지 않겠지만 아이에게 무조건적인 사랑과 관심, 그리고 지지를 보내자. "누나보다 공부를 잘하지 않아도". "동생보다 그림을 잘 그리지 않아도" 부모가 여전히 나를 사랑한다는 생각은 아이의 삶을 풍요롭게 만들어주며 생각의 여유와 관대함을 가져다줄 것이다.

성별과 나이로 가르지 않기

"넌 오빠잖아", "넌 벌써 9살이잖아", "넌 여자잖아", "넌 아기잖아". 이런 말이 아이에게 얼마나 큰 좌절감과 분노감을 심어주는지 알아야 한다. 어느 아이도 태어날 순서와 성별을 선택하지 않았다. 아이의 의견이 전혀 반영되지 않은 조건을 가지고 비교하거나 역할을 제한하는 것은 아이에게 큰 상처를 남긴다.

여자아이가 운동을 배우는 것에는 아무 문제가 없다. 아빠와 축구하는 오빠를 보며 "아빠, 나도 축구 가르쳐주세요"라고 말하는 딸에게 아빠가 "아이구, 공주님 참으세요. 넘어지면 다치니까 엄마랑 저기서 구경하세요"라고 말했다. 다정한 어투로 말을 건넸지만 매우 경직된 성역할 정체성을 드러냈다. 아빠의 대답을 들은 딸은 스스로를 오빠에 비해 열등한 존재라고 여기며 오빠에 대한 질투심과 경쟁심을 키우게 될 것이다.

동생이 태어나면서 첫째 아이가 보이는 퇴행 행동의 대부분은 부모가 어린 아기를 감싸는 것에서 비롯된다. "다섯 살이나 된 형아가 왜 자꾸 안아달래", "이제 열 살이면 이 정도는 스스로 해야지. 동생은 아직 어리니까 엄마가 도와주는 거잖아"라는 말은 아이들에게 나이 들면 부모의 사랑과 돌봄을 받지 못한다는 의미로 다가간다.

오빠니까, 언니니까, 7살이니까, 5살이니까라는 차별적인 생각을 버리고 아이들을 공정하게 대해 차별과 소외를 느끼지 않도록 세심하게 배려하자. 또한 형제자매는 경쟁하는 관계가 아니라 다른 나이와 성별을 가진 서로를 아끼고 도와주는 관계라는 것을 부모의 공정한 태도를 통해 아이가 느낄 수 있도록 해야 한다.

낙인찍지 않기

'꼴통', '떼쟁이', '사차원', '느림보' 등의 별명을 짓고 부르는 것은 대표적인 낙인찍기다. 별명 외에도 "네가 그렇지 뭐", "왠일이니? 안 하던 짓을 하고?", "그냥 내버려 둬. 쟤는 맨날 저러잖아"라는 꾸짖음 역시 또 다른 낙인찍기다. 부모가 찍은 낙인은 다른 형제자매에게도 잘 보인다. 어느새 형제자매까지도 아이를 이름 대신 별명으로 부르며 낙인찍기를 시작한다. 형제자매 사이의 낙인찍기는 갈등의 시발점과 같다. 부모는 아이들이 서로를 존중하고, 서로의 긍정적인 면을 발견할 수 있도록 도와주는 역할을 해야 한다.

개별적으로 칭찬하기

이 글을 읽는 부모라면 학창시절 단체 기합을 받으며 느꼈던 억울함을 기억하고 있을 것이다. 내 잘못이 아닌데 같은 반이라는 이유로 야단을 맞으면 선생님도 밉고, 잘못을 저지른 당사자도 원망스럽다. 반대로 내 노력과 희생으로 좋은 결과를 얻었는데 단체로 포상을 받을 때도 왠지 마음 한구석에 서운함이 자리 잡는다. 사람은 '따로 또 같이'가 존중받을 때 가장 협력적인 존재가 된다. 자신이 속한 집단의 이익도 중요하지만 한 개인으로서 인정받고 존중받는 것도 매우 중요한 것이다. 부모는 아이들이 함께한 작업에서 '따로 또 같이' 칭찬해주어야 한다. 형제가 엄마의 식탁 차리기를 도와주었다면 "얘들아, 고마워!"라고 하는 것도 좋지만 "진수는 물컵을 놔주었구나. 고맙단다. 그리고 영수는 수저 놓는 일을 도와줬어. 고마워!"라고 아이들과 개별적으로 일대일 관계를 맺고 칭찬하는 것이 좋다.

협동 게임 발견하기

아이들은 예닐곱 살이 되면 게임에 흥미를 보이기 시작한다. 게임은 규칙에 대한 이해를 발달시켜주기도 하지만 아직 어린아이들은 승패가 존재하는 게임의 특성 때문에 지나친 경쟁심을 드러내기도 한다. 특히 형제자매 사이의 경쟁심이 심하다면 승패를 가르는 게임이 아닌 협동이 필요한 게임을 제안하는 것이 좋다.

예를 들어 두 사람 사이에 풍선을 놓고 서로 끌어안아 터뜨리는 게임처럼 신체적 친밀감과 함께 협동심과 즐거움을 느낄 수 있는 게임을 하는 것이다. 어쩔 수 없이 승패를 가르는 게임을 해야 할 때는 두 아이가 서로를 라이벌로 여기기보다 차라리 부모를 경쟁상대로 느끼게 하는 게 더 낫다. 어른 팀, 아이 팀으로 나누어 놀이를 하면 아이들은 부모를 '공동의 적'으로 삼으며 부모를 이기기 위해 열정적으로 협력하게 될 것이다.

형제의 실패에서 우월함 느끼지 않도록 하기

'때리는 시어머니보다 말리는 시누이가 더 밉다'라는 말처럼 혼나는 아이 옆에서 고소하다는 표정을 짓거나 잘못을 계속 고자질하는 형제자매의 행동을 허용하면 두 아이 사이 갈등과 다툼의 향연이 펼쳐질 것이다. 동정심은 정서 사회성 발달에 중요한 감정이다. 어린아이에게 동정심을 기대하긴 어려울지 몰라도 형제자매의 불행을 즐기고, 이를 자신의 '우월성'으로 느끼게 하면 안 된다.

꾸지람을 듣는 형제자매를 자극한다면 부모는 간결하면서도 명확하게 아이의 행동을 제한해야 한다. "형준아, 지금 엄마는 형과 이야기를 나누고 있는 중이야. 너도 지금 할 말이 있나 본데 형과 이야기가 끝나면 네 말을 들어줄 거야. 하지만 지금은 곤란해. 형과 이야기가 끝날 때까지 네 방에 가서 책을 보거나 놀고 있으렴." 혹은 "엄마는 지금 형과 매우 중요한 이야기를 하고 있단다. 네가 옆에서 춤을 추거나 메롱 하는 것은 우리의 이야기에 방해가 되는구나. 이제 그 행동은 하지 말아라"라고 분명하게 말하자.

개인적인 공간과 시간 제공하기

24시간 붙어 있다고 형제자매의 유대감이 좋아지는 것은 아니다. 가끔은 혼자 있고 싶고, 상대에게 불편한 감정을 삭일 수 있는 시간도 가져야 한다. 아이들이 '혼자 있는 시간'을 가질 수 있도록 배려해야 하며, 부모를 독점할 수 있는 시간도 제공해야 한다. 어떠한 경쟁이나 방해의 위협 없이 부모의 관심을 독차지하며 놀거나 이야기하는 시간은 형제간의 경쟁심을 낮추는 데 도움이 된다.

5. 정서적 유대감 높이기

둘 이상의 아이를 갖겠다는 결심은 첫째에게 둘도 없는 친구를 만들어주고 싶다는 마음에서 비롯했을 것이다. '피를 나눈 형제'는 '피를 나눈 부모'보다 오래 함께 이 세상을 의지하며 살아갈 것이라고 기대하기 때문이다. 하지만 이러한 아름다운 결과는 아무런 노력 없이 얻어지지 않는다. 함께해서 즐겁고 도움이 되었다는 경험 없이는 유대감을 형성할 수 없다. 다음과 같은 부모의 노력이 아름다운 형제자매의 우애를 낳을 수 있을 것이다.

개별화 존중하기

공평함만큼 형제자매 관계에서 중요한 것이 개성 존중이다. 부모는 아이들 각자의 개성을 존중하고 그 차이를 인정하며 축하해주어야 한다. 서로 다르기 때문에 함께하기 어려운 '이질적인 존재'로 느끼기보다 다양성을 경험할 수 있는 도움을 주는 존재로 여기도록 만들어주자.

"시하는 책 읽는 걸 좋아하고, 수아는 운동을 좋아하는구나. 덕분에 우리는 도서관도 가고 운동장도 가네."

서로를 도울 때 인정하기

형제자매는 싸우기도 하지만 서로 돕기도 하고 협력도 한다. 이런 순간을 놓치면 안 된다. 아이들이 잘못된 행동을 했을 때 이를 지적하고 비난하기보다 아이들이 잘한 순간에 주목하고 이에 대해 말해주어야 한다. "그건 꽤 무거운 가방인데 너희 둘이 함께 들어 날랐구나. 서로를 돕는 모습이 정말 멋지다!"

아이들을 한 팀으로 묶기

집안일이나 게임을 할 때 팀으로 하면 유대감 강화에 도움이 된다. 주말의 대청소나 분리수거에 아이들 팀, 부모팀으로 나누어 하면 아이들끼리의 경쟁을 줄이면서도 함께 하는 협동심과 성취감을 느낄 수 있다. 게임을 할 때도 아이들끼리 경쟁시키기보단 팀을 맺도록 하며 서로 협력하고 지지할 때마다 관심과 칭찬을 해주도록 한다.

협동이 필요한 게임하기

놀이는 아이에게 긍정적인 정서를 전달하는 대표적 활동이다. 아이들이 함께 놀면서 행복과 즐거움 등의 감정을 표출할 기회가 많을수록 유대감도 강화된다. 특히 행복의 호르몬이라고 불리는 '옥시토신'이 많이 분비되므로 놀이 활동을 할 수 있는 기회를 많이 만들어주자. 옥시토신은 스트레스를 줄여주고, 사회성을 높이며, 우울한 감정을 극복하도록 돕는다. 옥시토신은 긍정적인 신체적 접촉을 할 때 분비가 활성화되므로 형제자매가 즐거운 신체 놀이나 물놀이 등을 함께할 수 있는 기회는 많을수록 좋다. 이 외에도 함께 웃기, 노래 부르기, 춤추기와 같은 놀이 활동도 옥시토신 분비를 촉진시킨다. 되도록이면 아이들의 즐거운 놀이를 중단하거나 방해하지 말고 함께하는 행복한 순간을 오래 경험하게 하자. 행복을 함께 나눈 상대에게는 자연스럽게 긍정적인 감정을 느끼게 되며 보다 깊은 정서적 유대감을 느끼게 된다.

관심 보이는 법 가르쳐주기

아이들은 형제자매의 놀이나 행동에 호감을 갖고 있으면서도 상대를 불쾌하게 만들어 관심을 표현할 때가 있다. 형의 놀이에 끼고 싶은 동생이 형의 장난감을 망가뜨리거나, 엄마에게 "형이 나랑 안 놀아줘"라며 떼를 쓰는 것이다. 이때는 아이가 "형, 나도 같이해도 돼?"라고 물어볼 수 있는 상황을 만들어주고 "와, 둘이 같이하면 더 재미있겠다"라고 거들어 아이가 호감을 느낀 상대에게 부드럽게 다가설 수 있도록 지도해주어야 한다.